广东农业技术服务"轻骑兵"实用技术丛书

猪低蛋白
清洁日粮应用技术

广东省农业技术推广中心◎组织编写

U0701987

SPM
南方传媒

广东科技出版社
全国优秀出版社

· 广 州 ·

图书在版编目（CIP）数据

猪低蛋白清洁日粮应用技术 / 广东省农业技术推广中心组织编写. —广州：广东科技出版社，2023.6
（广东农业技术服务"轻骑兵"实用技术丛书）
ISBN 978-7-5359-8018-2

Ⅰ.①猪… Ⅱ.①广… Ⅲ.①猪—饲料—研究
Ⅳ.①S828.5

中国版本图书馆CIP数据核字（2022）第220272号

猪低蛋白清洁日粮应用技术
Zhu Didanbai Qingjie Riliang Yingyong Jishu

出 版 人：严奉强
项目策划：区燕宜
责任编辑：区燕宜 于 焦
封面设计：柳国雄
责任校对：陈 静
责任印制：彭海波
出版发行：广东科技出版社
　　　　　（广州市环市东路水荫路11号 邮政编码：510075）
销售热线：020-37607413
https://www.gdstp.com.cn
E-mail：gdkjbw@nfcb.com.cn
经　　销：广东新华发行集团股份有限公司
排　　版：创溢文化
印　　刷：广州市彩源印刷有限公司
　　　　　（广州市黄埔区百合三路8号 邮政编码：510700）
规　　格：889 mm×1 194 mm 1/32 印张3.375 字数65千
版　　次：2023年6月第1版
　　　　　2023年6月第1次印刷
定　　价：28.00元

广东农业技术服务"轻骑兵"实用技术丛书
（畜牧篇）
指导委员会

《猪低蛋白清洁日粮应用技术》
编写委员会

主　　编：邓近平　华南农业大学

　　　　　陈迎丰　广东省农业技术推广中心

副 主 编：姚继明　广东旺大集团股份有限公司

　　　　　张英东　广东旺大集团股份有限公司

　　　　　邓百川　华南农业大学

编写人员：谭成全　华南农业大学

　　　　　李铁军　中国科学院亚热带农业生态研究所

　　　　　谭复善　广东旺大集团股份有限公司

　　　　　范文君　广东旺大集团股份有限公司

　　　　　李　亮　广东省农业技术推广中心

主 编 简 介

Zhubianjianjie

　　邓近平，华南农业大学动物科学学院教授、博士研究生导师。享受国务院政府特殊津贴专家，兼任国家生猪产业技术创新战略联盟秘书长等社会职务。研究方向为动物营养与繁殖调控，在生猪产业领域具有丰富的理论知识与实践经验。

　　陈迎丰，广东省农业技术推广中心畜牧技术推广部部长，农业农村部种猪质量监督检验测试中心（广州）常务副主任，广东省畜禽遗传资源委员会委员，广东省家禽业协会会长。长期从事畜牧业和饲料工业技术推广工作。

序

Xu

我国是世界第一生猪养殖和猪肉产品消费大国，养猪业已成为我国不可缺少的重要支柱产业。随着饲用抗生素禁用和规模化养殖的迅猛发展、生猪地方品种的改良、养殖模式的更新、原料质量和价格的复杂多变，以及人们对生态环境的关注，对猪日粮配制提出了更高的要求，特别对低蛋白清洁日粮配制的需求尤为迫切。合理利用玉米、豆粕和非常规饲料原料配制绿色、生态、高效的饲料是提高养猪生产效率和减少环境污染的有效途径，而配制生猪低蛋白清洁日粮的技术应用是解决这一问题的关键。

畜牧业的传统养殖理念重点放在不断提高生猪生产性能上，然而随着现代畜牧业的快速发展，畜产品数量的大大增加和人们生活水平的不断提高，畜产品数量已不再是人们生活需求的首要问题，而畜产品的品质和安全则成为人们关注的重点。因此，满足人们对优质畜产品的需求，成为畜牧业可持续发展的优先选择。

"无抗健康"的养殖理念将进一步深入人心，"绿色＋无抗"将是生猪养殖业发展的必然趋势。饲料是畜禽养殖的物质基础，决定了畜产品的品质和安全。因此，饲料安全是养殖安全的关键。我国的蛋白质资源极度匮乏，几种主要饲料蛋白原料如鱼粉、豆粕等长期依赖进口，这已经成为影响我国生猪养殖业发展的限制性因素。降低饲料蛋白质水平、优化饲料配方是目前解决饲料粮安全问题、降低饲料成本、促进养殖业健康发展的重要途径。

1

猪低蛋白清洁日粮应用技术

　　《猪低蛋白清洁日粮应用技术》在保障国家粮食安全和生猪产业健康可持续发展，以及提高生猪生产水平、改善猪肉产品品质、降低生产成本、保护生态环境及推动饲料工业发展等方面具有不可替代的重要作用，特别是对于养殖场（户）具有直接的指导意义。基于产学研合作，该书根据从业者二十多年关于低蛋白清洁日粮的研究成果和经验，结合国内外生猪养殖现状和对生猪饲粮需求的预测，阐述了低蛋白清洁日粮的作用效应，提出了可有效替代大豆类原料的替代品，综合了低蛋白日粮配方技术实践及在实践中可能出现的问题。该书是我国当代养猪业实际生产应用中一本不可多得的精品参考书，对于低蛋白清洁日粮的推广应用，推动国家生猪养殖绿色健康发展有重要理论和现实指导意义。

2023年5月

前言

Qianyan

　　我国生猪饲养量和猪肉消费量均约占世界总量的50%。饲料是发展生猪养殖业的基础，作为最主要的投入品，占养殖总成本的65%～70%，其品质不仅直接关系猪的生长、营养物质利用效率，同时也与猪的健康，以及猪肉品质密切相关。随着饲用抗生素禁用、精准营养方案实施，以及出于养殖环境安全等行业发展需要，生猪产业已从单纯追求数量增长型的养殖模式向追求数量、质量、结构和经营效益并重的养殖模式转型升级。"玉米-豆粕"型饲料供给模式主导的生猪生产，使饲料粮消费在整个谷物需求中的比重达到60%以上，85%的优质饲料蛋白原料依赖进口，饲料能量利用率只有40%～80%、蛋白质利用率仅为32%～57%，这造成了猪饲料资源结构性制约问题突出，该状态成为粮食战略安全的潜在威胁。充分挖掘、合理高效利用蛋白饲料资源，改善生猪生产性能，实现生态健康养殖可持续发展，已成为当前生猪生产实际的刚性需求。为此，农业农村部《猪鸡饲料玉米豆粕减量替代技术方案》明确要求，当前"玉米-豆粕"型饲料减量替代非常紧要，国家对饲料粮调控极为重视，将分别制订替代玉米、豆粕的饲料配方调整方案。随着结构调整、质量升级、绿色发展和生态环保养殖业"后抗生素时代"的来临，提质增效、节氮减损、清洁环保已成为现代生猪智能化绿色养殖发展的重要标志，不仅有利于推动我国万亿生猪产业绿色转型、实现可持续发展，有助于实施"乡村振兴战

1

略"，而且对保障国内生猪产业和粮食战略安全具有重要的技术支撑作用。

本书内容包括生猪生产与猪肉供给、全球粮食供给概况与中国生猪饲料粮需求、低蛋白清洁日粮的作用效应、常用大豆原料的替代品、低蛋白清洁日粮配方技术实践，以及常见问题解析，以期为读者提供有益的借鉴。当然，由于编者水平有限，书中难免有不妥之处，敬请广大读者批评指正。

本书是广东省农业技术推广中心组织编写的《广东农业技术服务"轻骑兵"实用技术丛书》的分册。付梓之际，向参与本书各章节撰写的所有人员表示衷心的感谢，他们在百忙之中抽出时间为本书贡献了高质量的内容。此外，还要特别感谢中国科学院亚热带农业生态研究所印遇龙院士为本书撰写序，以及印遇龙院士中科院团队尹杰、何流琴，印遇龙院士华南农业大学团队任文凯，农业农村部种猪质量监督检验测试中心（广州）樊福好，广东省农业技术推广中心畜牧技术推广部曹长仁在本书撰写过程中给予的大力支持。

编　者

2023年3月

目　　录

Mulu

第一章

生猪生产与猪肉供给

一、世界生猪生产现状

1. 世界生猪存栏量和出栏量

根据美国农业部（United States Department of Agriculture，USDA）数据（2021年和2022年数据为推算值）估算，历年世界生猪存栏量、出栏量如图1-1和图1-2所示。2021年末世界生猪存栏量为74 928万头，2021年世界生猪出栏量为117 937万头。2018年后受非洲猪瘟影响，世界生猪存栏量、出栏量总体下降；中国、欧盟（27国）和美国的生猪存栏总量占世界存栏量的比重为84.02%，其中，中国的生猪存栏量占世界的比重为54.25%，欧盟的生猪存栏量占世界的比重为19.52%（杨侗瑀 等，2022），美国的生猪存栏量占世界的比重为10.25%。

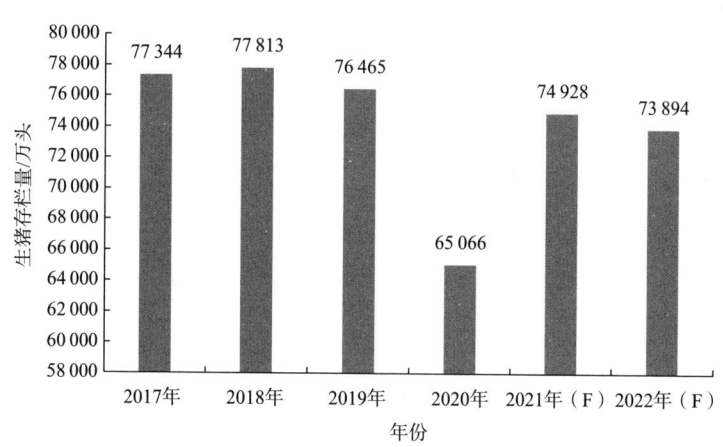

图1-1 世界生猪存栏量

注：F表示推算值。

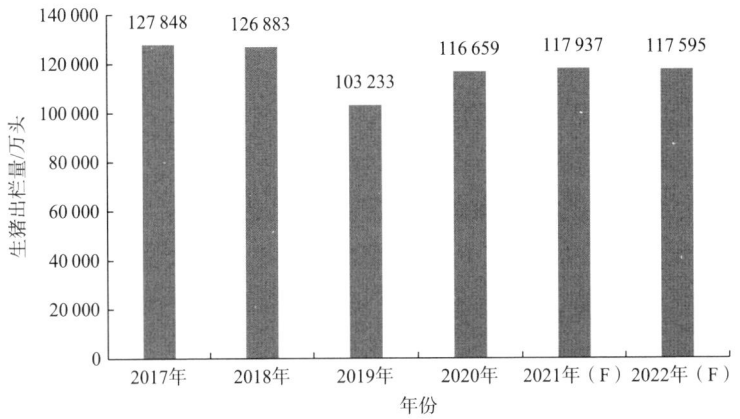

图1-2　世界生猪出栏量

注：F表示推算值。

2.　世界猪肉产量

根据美国农业部数据（2021年和2022年数据为推算值），历年世界猪肉生产情况如图1-3所示。2021年世界猪肉产量为10 610万吨；中国、欧盟、美国的猪肉产量总和占世界猪肉产量的77.51%，2021年，世界生猪和猪肉产量上升的主要原因是中国生猪产能的恢复。

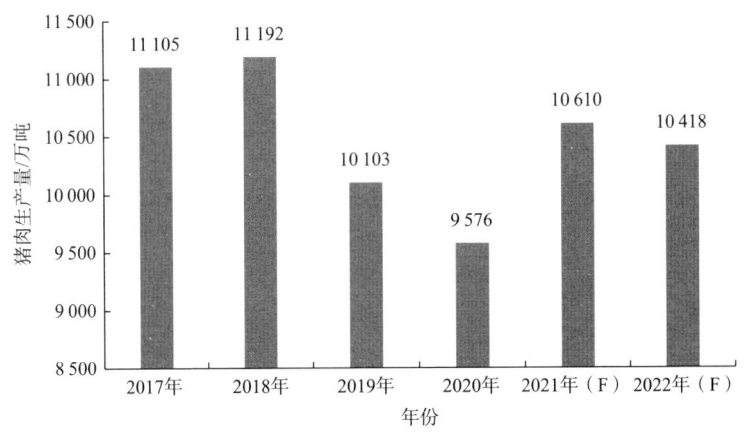

图1-3　世界猪肉生产情况

注：F表示推算值。

3. 世界猪肉消费量

根据《经济合作与发展组织-联合国粮食及农业组织农业展望》［*Organization for Economic Co-operation and Development-Food and Agriculture Organization of the United Nations*（OECD-FAO）*Agricultural Outlook*，以下简称《经合组织-粮农组织农业展望》］数据，2017年全球猪肉消费量主要地区分布情况如图1-4所示。2017年全球猪肉消费量达到约1.2亿吨，其中亚洲地区的占比约为60%，达到7 123万吨。从猪肉消费的地域分布来看，亚洲与欧洲依然是全球主要的猪肉消费区，2017年两地区猪肉总消费量约占全球猪肉消费量的80%。2008—2017年，全球各大洲猪肉消费量的分布变化总体趋于稳定，其中亚洲为世界最主要的猪肉消费地区，年均消费量维持在6 780万吨，其次为欧洲地区，年均消费量约为2 634万吨，全球总体消费量受亚洲地区消费量波动变化的影响较大。

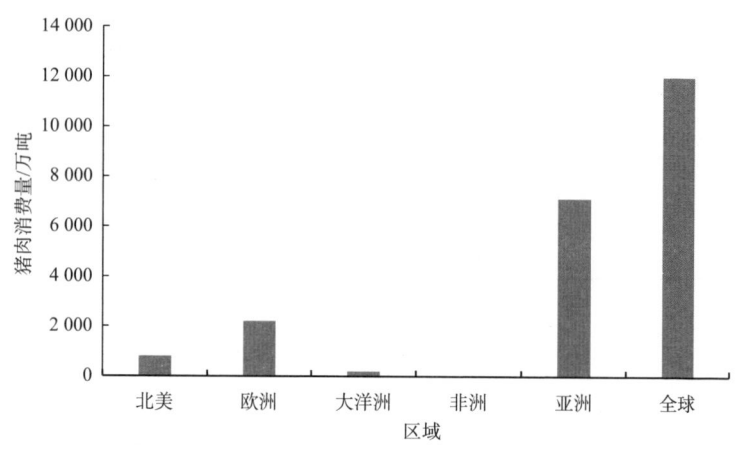

图1-4　2017年全球猪肉消费量主要地区分布情况

根据《经合组织-粮农组织农业展望》数据，2017年全球前十大猪肉消费国消费量情况如图1-5所示。2017年全球前十大猪肉消费国分别为中国、美国、越南、俄罗斯、巴西、日本、墨西哥、菲律宾、韩国和英国。其中中国为世界最大的猪肉消费国，2017年全年猪肉消费量达到5 588万吨，约占世界总消费量的47%，约占亚洲地区总消费量的78%。美国作为世界第二大猪肉消费国，2017年全年猪肉消费量为954万吨，约占世界总消费量的8%，约占北美地区总消费量的93%。

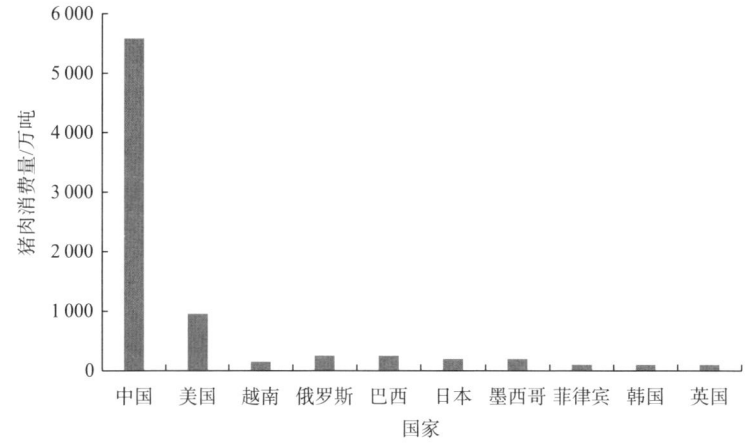

图1-5　2017年全球前十大猪肉消费国消费量情况

二、中国生猪生产现状

生猪生产是农业的重要组成部分，猪肉是城乡居民的重要食品。我国既是养猪大国，也是猪肉消费大国，生猪饲养量和猪肉消费量均占世界总量的一半左右。发展生猪生产，对保障市场供应、增加农民收入、促进经济社会稳定发展具有重要意义（项国鹏等，2014）。自2018年非洲猪瘟疫情发生以来，我国生猪养殖业发生了巨大的变化，生物安全的重要性得到了前所未有的认可和重视，这对未来生猪产业的发展产生了深远的影响。

1. 中国生猪存栏量和出栏量

根据国家统计局数据，2017—2021年全国生猪存栏量如图1-6所示，2017—2021年全国生猪出栏量如图1-7所示。2021年末全国生猪存栏量44 922万头，2021年全国生猪出栏量67 128万头，其中能繁母猪存栏量4 329万头。2018—2020年的非洲猪瘟对我国生猪存栏量、出栏量影响较大。

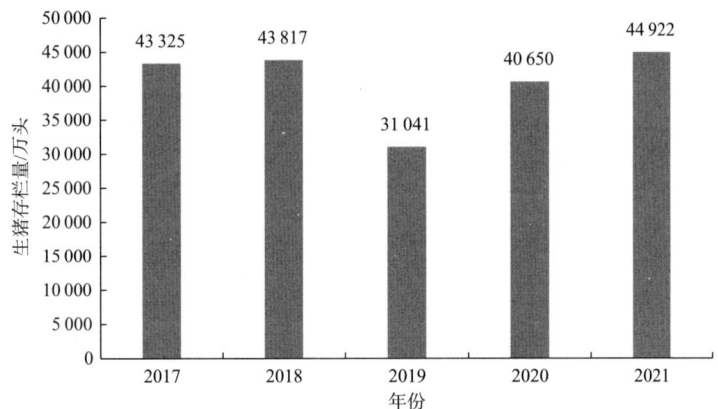

图1-6　2017—2021年全国生猪存栏量

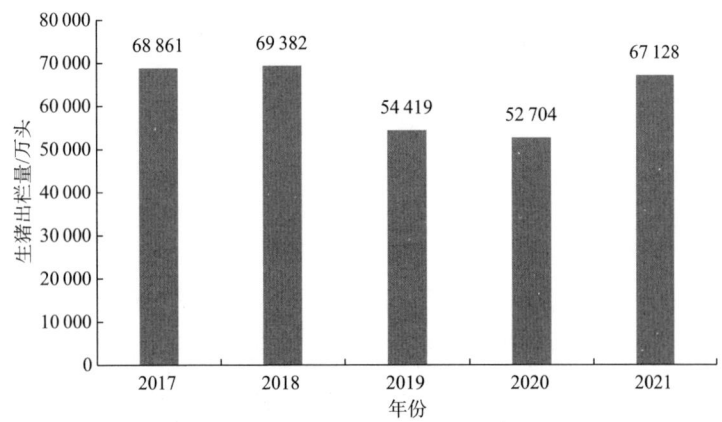

图1-7　2017—2021年全国生猪出栏量

2. 中国猪肉产量

2018年非洲猪瘟疫情发生后，农业农村部会同国家发展和改革委员会、财政部、自然资源部、生态环境部、交通运输部、银行保险监督管理委员会等多部门从不同方面出台17条硬措施支持生猪生产发展。根据国家统计局数据，2017—2021年全国猪肉产量如图1-8所示。2021年在国家各部委的扶持下，中国猪肉产量急剧上升，2021年中国猪肉产量达5 296万吨，相比2020年增加1 183万吨，上涨幅度达28.76%。

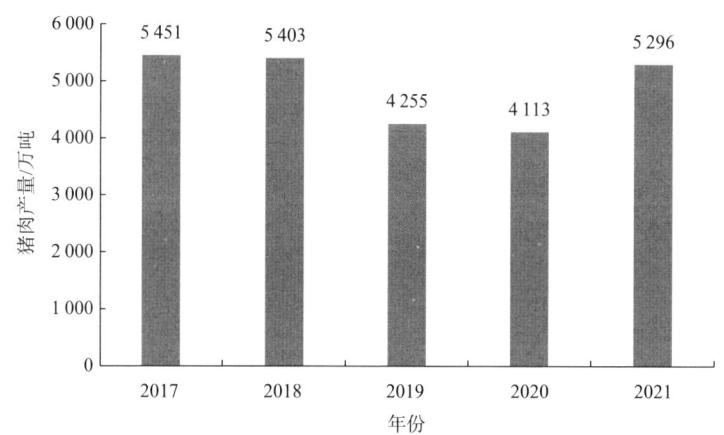

图1-8　2017—2021年全国猪肉产量

3. 中国猪肉消费量

我国是全球猪肉消费第一大国，猪肉是我国主要肉类消费品，在过去20年，我国猪肉年产量总体超过4 000万吨，占肉类产量的60%左右。根据国家统计局数据，2016—2020年全国猪肉消费量如图1-9所示。数据显示，2019—2020年我国猪肉人均消费量总体呈下降趋势，主要原因是受非洲猪瘟影响，猪肉供应量下降，猪肉价格上涨。2021年我国生猪生产已快速恢复，但居民人均猪肉消费量已接近饱和，加之年轻一代消费习惯的转变和人口老龄化等因素，

未来猪肉年均消费量增速或将放缓。

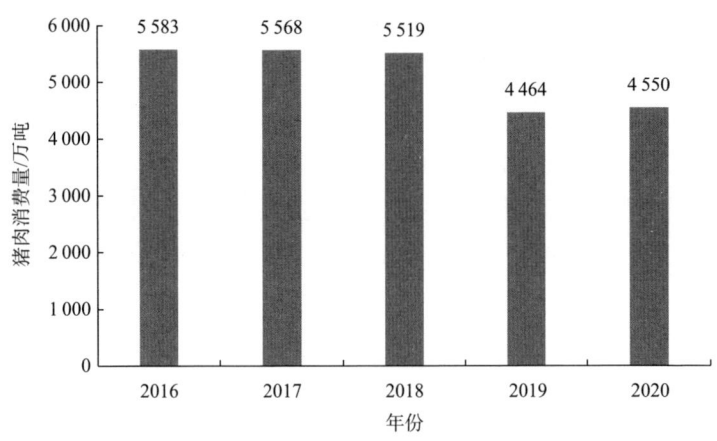

图1-9 2016—2020年全国猪肉消费量

4. 中国养猪现状

我国生猪产量和消费量均居世界第一位,是养猪大国,但却不是养猪强国。行业规模化、集约化程度不足是目前我国生猪养殖行业最大的特点。规模化、集约化程度不足带来的直接弊端是行业整体抗疫病、抗风险能力不足,容易导致生猪养殖行业出现剧烈波动,行业产能大起大落,形成"猪周期"。而非洲猪瘟疫情发生后,不单单是猪周期风险,防疫的常态化也让很多养殖主体无力承担巨大的投入。在这一背景下,许多有实力的养殖企业开始大量投入资金,对集团养殖场实施防疫升级改造,依靠技术和规模优势,实现了对疫情的有效控制,并且逐步走向"工业化封闭式、自繁自养自宰、集中饲养、就地屠宰、冷链运输"的现代化规模养殖模式。工业化封闭式保障了防控的稳定性;自繁自养自宰保障了体系配套的稳定性;集中饲养解决了效率与管理的痛点;就地屠宰使得疫情风险得到了就地控制;冷链运输更加保障了食品安全(黄毅,2021)。

目前，我国猪肉养殖业的行业整合呈现明显加速现象。500头以下小规模养殖户占比逐渐下降，而500～3 000头小规模养殖场占比大幅上涨，中等规模养殖场和大规模养殖场占比虽然也有一定幅度上涨，但涨幅不及小规模养殖场，随着环保要求变化和非洲猪瘟疫情常态化，500头以下小规模养殖户可能进一步退出养猪业舞台，养猪业将转向以规模化和集约化为主。历年中国规模化养殖占比情况如图1-10所示。

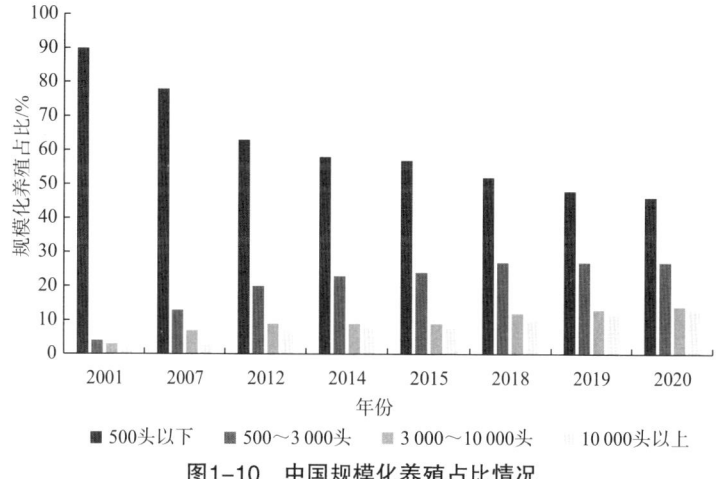

图1-10　中国规模化养殖占比情况

5. 中国生猪发展特征

通过对生猪产业发展四大阶段特征的归纳，2000年以来，中国生猪产业环保政策经历了宽松期、收紧期、密集期和暴发期，迎来了绿色、安全、减排的大洗牌。本部分系统梳理环保政策相关条例如下（表1-1）。

表1-1　环保政策相关条例

阶段	年份	部门	畜牧业环保相关政策、法规及领导讲话等
宽松期	2000年	农业部	《大中型畜禽养殖场能源环境工程建设规划（2001—2005年）》
	2001年	财政部	《农村小型公益设施建设补助资金管理试点办法》
		国家环境保护总局、国家质量监督检验检疫总局	《畜禽养殖业污染物排放标准》
		国家环境保护总局	《畜禽养殖业污染防治技术规范》
		国家环境保护总局	《畜禽养殖污染防治管理办法》
收紧期	2006年	农业部	《畜禽场环境质量及卫生控制规范》
			《畜禽粪便无害化处理技术规范》
	2007年	国务院	《第一次全国污染源普查方案》
			《关于促进畜牧业持续健康发展的意见》
			《关于促进生猪生产发展稳定市场供应的意见》
		农业部、国家发展和改革委员会	《关于进一步加强农村沼气建设管理的意见》
			《关于印发养殖小区和联户沼气工程试点项目建设方案的通知》
	2009年	环境保护部	《畜禽养殖业污染治理工程技术规范》
	2010年	环境保护部	《畜禽养殖业污染防治技术政策》
密集期	2011年	中国环境科学出版社	《污染源普查技术报告》
	2012年	农业部、国家发展和改革委员会	《关于进一步加强农村沼气建设的意见》
		环境保护部、农业部	《全国畜禽养殖污染防治"十二五"规划》
	2013年	国务院	《畜禽规模养殖污染防治条例》
			《大气污染防治行动计划》（"大气十条"）
	2014年	国务院	《关于建立病死畜禽无害化处理机制的意见》
	2015年	国务院	《水污染防治行动计划》（"水十条"）
		农业部	《关于促进南方水网地区生猪养殖布局调整优化的指导意见》

阶段	年份	部门	畜牧业环保相关政策、法规及领导讲话等
暴发期	2016年	国务院	《"十三五"生态环境保护规划》
		农业部	《全国生猪生产发展规划（2016—2020年）》
		国务院	《土壤污染防治行动计划》（"土十条"）
			《控制污染物排放许可制实施方案》
		第十二届全国人民代表大会常务委员会	《中华人民共和国环境保护税法》
		环境保护部、农业部	《畜禽养殖禁养区划定技术指南》
		—	第十四次中央财经领导小组会议讲话
	2017年	国务院	《第二次全国污染源普查方案》
		国务院	《关于加快推进畜禽养殖废弃物资源化利用的意见》
		农业部、财政部	《关于做好畜禽粪污资源化利用项目实施工作的通知》
		农业部	《畜禽粪污资源化利用行动方案（2017—2020年）》
			《种养结合循环农业示范工程建设规划（2017—2020年）》
	2018年	农业部	《畜禽规模养殖场粪污资源化利用设施建设规范（试行）》
		国务院	《关于全面加强生态环境保护 坚决打好污染防治攻坚战的意见》
			《关于印发打赢蓝天保卫战三年行动计划的通知》
		农业部	《畜禽粪污土地承载力测算技术指南》
			《2018年畜牧业工作要点》
			《关于畜禽养殖废弃物资源化利用联合督导情况的通报》
		农业部、环境保护部	《畜禽养殖废弃物资源化利用工作考核办法（试行）》
		国家发展和改革委员会	《应对非洲猪瘟疫情影响做好生猪市场保供稳价工作的方案》
		交通运输部、农业农村部	《关于对仔猪及冷鲜猪肉恢复执行鲜活农产品运输"绿色通道"政策的通知》
		自然资源部	《关于保障生猪养殖用地有关问题的通知》
		农业农村部	《关于加大农机购置补贴力度支持生猪生产发展的通知》

续表

阶段	年份	部门	畜牧业环保相关政策、法规及领导讲话等
2019年		农业农村部	《关于稳定生猪生产保障市场供给的意见》
		农业农村部、财政部	《关于做好种猪场和规模猪场流动资金贷款贴息工作的通知》
		国务院	《关于加强非洲猪瘟防控工作的意见》
		中国银保监会、农业农村部	《两部门关于支持做好稳定生猪生产保障市场供应有关工作的通知》
		国务院	《关于稳定生猪生产促进转型升级的意见》
		生态环境部、农业农村部	《严格规范畜禽养殖禁养区划定和管理 促进生猪生产发展》

从以上国家政策的梳理情况来看，我国通过政策引导和行政干预的方式，已让生猪养殖产业加速朝着"绿色、安全、节粮、减排"方向发展，同时养殖业规模化、集约化、专业化的程度将进一步加深。

6. 中国生猪生产规划及趋势

根据《中国农业展望报告（2020—2029）》，与基期（2017—2019年的3年平均值）相比，未来10年猪肉产量将增长18.6%，年均增速1.9%。展望后期产量增速将明显放缓并趋稳，预计2029年生猪出栏73 918万头，猪肉产量达5 972万吨，分别较基期增长14.3%和18.6%，但受肉类消费结构变化影响和国内资源环境约束，未来我国猪肉年均总产量不会超过5 500万吨。根据《国民经济和社会发展第十四个五年规划纲要（"十四五"）全国畜牧兽医行业发展规划（征求意见稿）》，到2025年国家将确保猪肉自给率保持在95%左右，猪肉产量稳定在5 500万吨左右，生猪养殖业产值保持在1.2万亿元以上（陈来华，2021）。

第二章

全球粮食供给概况与
中国生猪饲料粮需求

一、全球粮食供给概况

根据联合国粮食及农业组织数据，历年全球粮食总产量如图2-1所示。21世纪以来，全球粮食产量呈现波动上升趋势，2021年全球粮食作物总产量达28.21亿吨。其中仍以玉米为主，产量达11.86亿吨，占全球粮食作物产量的42%。随着全世界人口数量的增长和生活水平的提高，21世纪以来，全球粮食消费量不断提升，2020年全球主要粮食作物的表观消费量大约为27.35亿吨。

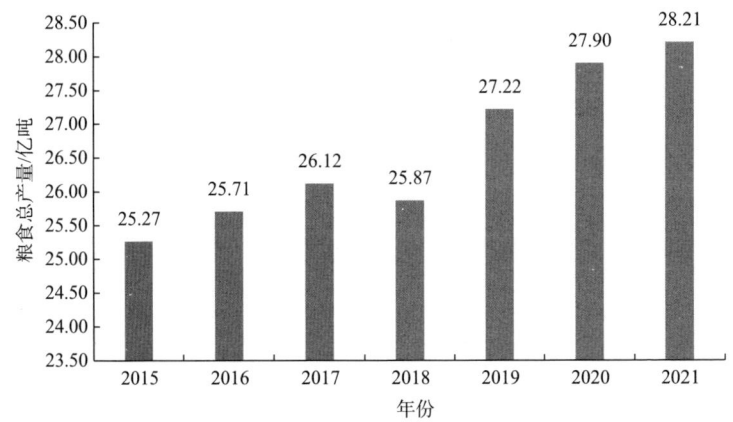

图2-1 历年全球粮食总产量

结合历年全球人口数据，从总体上看，2020年全球人均粮食占有量达到352.83千克，不存在绝对意义上的粮食安全问题。但是实际上，因体量不同、土地状态不同、气候条件不同、人口数量不同、农业自动化程度不同，粮食资源在不同国家和地区之间存在巨大的差异。根据联合国粮食及农业组织数据，2020年中国、美国、印度三国人均粮食产量对比情况如图2-2所示。

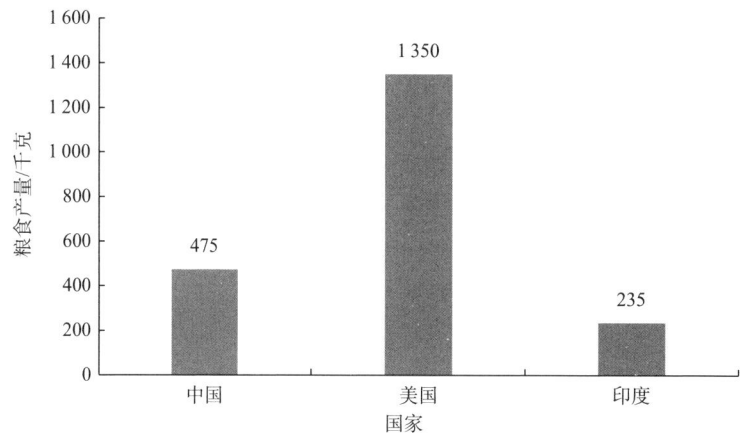

图2-2　2020年中国、美国、印度三国人均粮食产量对比情况

　　国际粮食市场存在的"总体平衡，贫富不均"形势是出现饥饿人口的主要原因。2021版《世界粮食安全和营养状况》报告显示，2020年全世界有7.2亿～8.11亿人处于饥饿状态，这一数字与2019年相比大约增加18%。全球有9.9%的人口处于营养不良状态，系2005年来最高值，其中4.18亿在亚洲，2.82亿在非洲，6 000万在拉丁美洲和加勒比地区。根据联合国粮食及农业组织、世界粮食计划署和欧盟共同发布的《2021年全球粮食危机报告》，在55个国家和地区中，2020年至少有1.55亿人面临重度粮食不安全问题，同比增加约2 000万人，达到过去5年以来的最高水平。在各种冲突、新冠疫情对经济的影响和气候危机三重作用下，面临重度粮食不安全人口将继续增加。

二、中国粮食安全概况

　　2018年9月，习近平总书记在黑龙江考察时强调，中国人的饭碗任何时候都要牢牢端在自己的手里。实际上，总书记在这里直接

地提出了中国的粮食安全问题。中国的粮食安全问题包含三层含义：一是粮食的短缺问题，这是一个历史问题；二是粮食的品质优劣问题，即是否绿色的问题，这是随着工业化污染的加重和"转基因"种子从国外的引入而出现的新问题；三是粮食的控制权问题，即粮食的价格和种子控制在谁手里的问题，这是随着中国融入经济全球化而逐步显现的问题。这是三个相互密切联系的问题，其中首要的基础性的是粮食短缺问题（李伟，2021）。

中国一直是全球粮食主要生产国之一，根据国家统计局数据，历年全国粮食总产量如图2-3所示。2021年中国粮食产量为6.83亿吨，较2020年增加了1 400万吨，产量再创历史新高，连续10年产量破6亿吨，位居世界第一，粮食生产实现"十八连丰"。我国三大主粮为稻谷、玉米、小麦，根据《中国农业产业发展报告2020》，2019年中国三大主粮的自给率达到98.75%。而根据商务部统计数据，中国三大主粮完全可以自给自足，而且储备、库存充裕，不必担心粮食供应短缺或价格暴涨。中国进口的大米、小麦分别只占国内消费总量的1%和2%，国际市场对中国粮食供应的影响很小（明灯，2020）。

因此，我国从总体来看并不存在较大的粮食安全问题，但是由于粮食是一国发展的根基命脉，一国的粮食安全关系着国家的各方面发展，我国仍需警惕粮食安全问题。为全面保障我国粮食安全，我国在2006年第十届全国人民代表大会第四次会议上通过的《国民经济和社会发展第十一个五年规划纲要》（"十一五"规划）中提出，18亿亩（亩为非法定计量单位，1亩≈666.67米^2）耕地是一个具有法律效力的约束性指标，是不可逾越的一道红线。2022年《中共中央 国务院关于做好2022年全面推进乡村振兴重点工作的意见》在耕地保护中强调要严守18亿亩耕地红线，确保我国粮食安全。

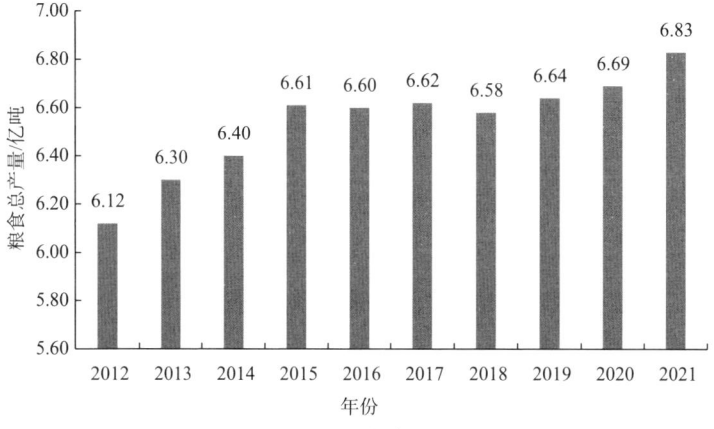

图2-3 全国粮食总产量

三、中国生猪饲料粮需求

1. 饲料产量

根据中国饲料工业协会统计数据，历年全国工业饲料总产量如图2-4所示。2015—2018年，我国工业饲料总产量呈现持续增长态势，2018年，全国工业饲料总产量为22 788.00万吨。2019年受全球经济环境变化及非洲猪瘟疫情影响，全国饲料工业总产量与上年相比涨幅明显下降，为22 885.40万吨。2020—2021年，随着下游市场需求量的回升，我国工业饲料总产量快速回升，截至2021年，全国工业饲料总产量达29 344.30万吨。

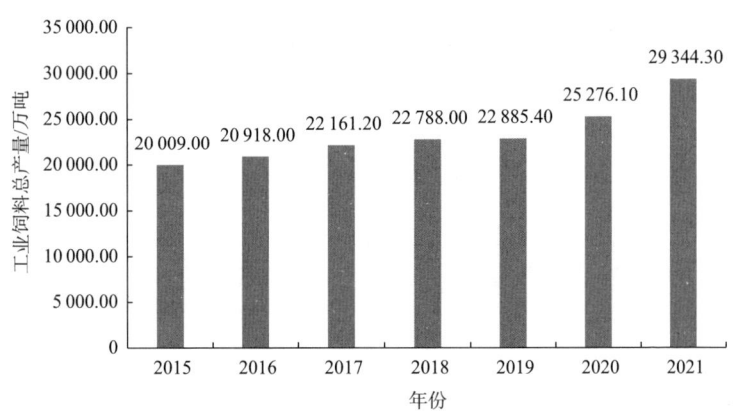

图2-4　全国工业饲料总产量

根据中国饲料工业协会统计数据，历年全国工业猪饲料总产量如图2-5所示。2015—2017年，我国猪饲料产量仍保持增长势头，然而在2018—2019年，受生猪产能下降影响，猪饲料需求下降，产量随之减少，2019年，我国猪饲料生产厂家数量为5 432家，比2018年减少238家，总产量为7 663.20万吨，在饲料总产量中，猪饲料占比从2018年的42.7%下降到33.49%。2020年，随着生猪生产恢复，我国猪饲料产量有所回升，产量提升至8 922.50万吨。2021年，在下游需求市场的进一步带动下，全国猪饲料产量快速增长至13 076.50万吨，较2020年增长46.6%，总产量首次突破1亿吨。

2. 饲用蛋白原料供给

我国生猪饲料配方参照美式配方设计，以"玉米-豆粕"型日粮为主，大量使用饲用大豆类原料。由于受国内耕地限制和大豆单产低影响，国产大豆主要在食品中使用，国产饲用大豆严重缺乏，导致我国饲用大豆原料严重依赖进口。根据国家统计局数据，历年全国大豆产量和进口量情况如图2-6所示。2020年我国大豆进口量为历年最高，达到10 031.50万吨，国内大豆产量仅为1 960.20万吨，进口依赖度达80.46%。因此，应用低蛋白清洁日粮技术以减少大豆蛋白的用量，同时应用其他蛋白原料，以此来缓解我国蛋白资源短缺问题。

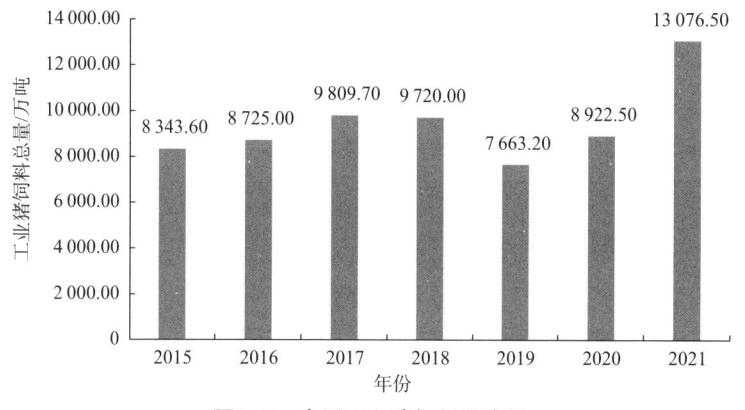

图2-5　全国工业猪饲料总产量

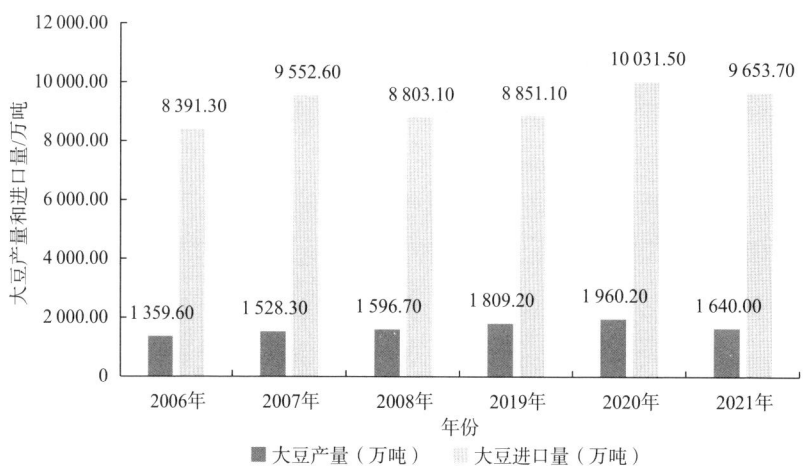

图2-6　全国大豆产量和大豆进口量情况

根据联合国粮食及农业组织数据，2020—2022年大豆产量对比情况如图2-7所示，近20年来大豆出口量对比情况如图2-8所示。2000—2020年世界大豆生产量增长很快，2000年为1.61亿吨，2020

年为3.53亿吨，增长约1.2倍，平均每年增加960万吨。与此同时，世界大豆出口量也快速增加，从2000年的4 738万吨，增加到2020年的1.73亿多吨，增长约2.6倍多，平均每年增加628万吨。

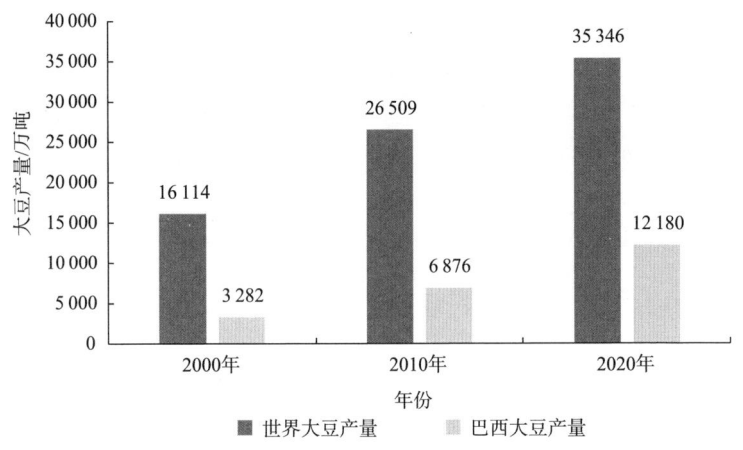

图2-7　2020—2022年大豆产量对比情况

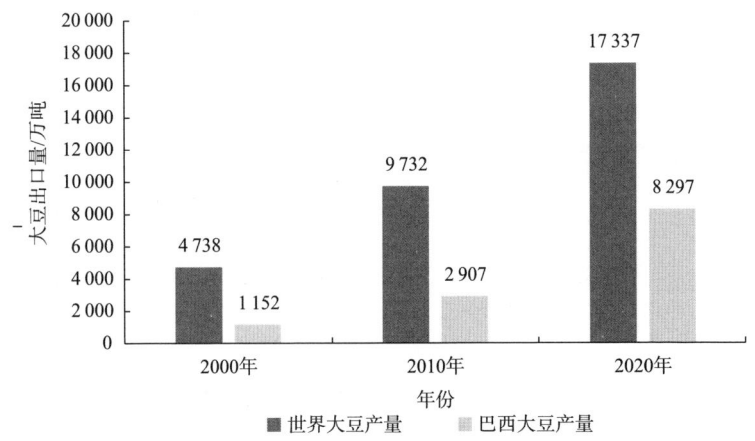

图2-8　近20年来大豆出口量对比情况

根据联合国粮食及农业组织、国家统计局数据，我国大豆进口量占世界大豆出口量比例如图2-9所示。我国大豆进口占世界大豆出口的比例，在2000年为22%，到2010年提高到56%，到2017年达到最大，为63%，此后尽管进口数量继续增加，但占世界出口的比例却有所下降，2020年为58%。概括地说，近10年来，我国大豆进口的数量几乎翻番，但占世界出口的比例基本保持在60%左右。

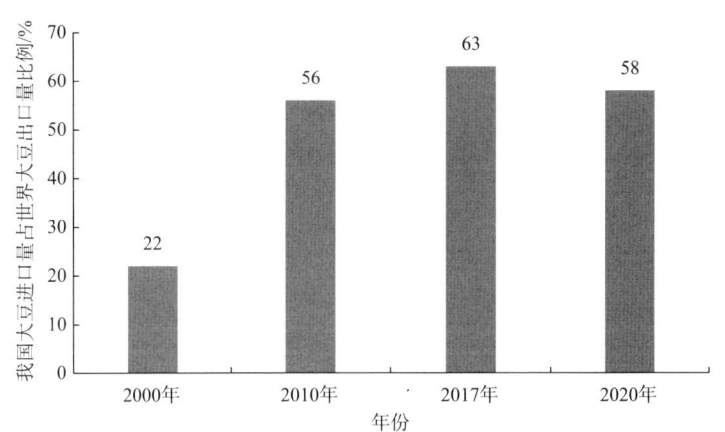

图2-9 我国大豆进口量占世界大豆出口量比例

我国非常规蛋白资源非常丰富，其中包括农产品加工副产物（如菜籽粕、棉籽粕和花生粕等杂粕，玉米、小麦、大米等谷物加工副产物）、植物及其副产物（如牧草、桑叶、构树叶，以及蔬菜茎叶与藤等）、糟粕类（如酒糟、醋糟、酱渣和果渣等）、动物源副产物等（姚凯勇，2019）。经初步统计，我国农产品加工副产物每年超过5亿吨，但是综合利用率极低，因此我国目前资源浪费现状亟待改善。

目前，我国非常规蛋白资源开发利用受到多种因素影响和阻碍。多种蛋白资源受到季节和地理文化因素影响，限制了其被广泛应用。国内缺乏不同蛋白资源收割和加工规范标准，这影响到其饲料配制。例如，蛋白桑具有较高蛋白含量，是一种理想的饲料蛋白资源，但是采摘时间点不同对其蛋白含量影响较大，同时也缺乏较

为统一的加工利用标准，这极大地限制了蛋白桑在饲料企业的应用。多种蛋白资源含有毒素或抗营养因子，降低了饲料的营养价值，影响动物的生长和健康。例如，杂粮普遍含有硫代葡萄糖苷、游离棉酚、植酸、单宁、芥子碱、皂素等抗营养因子。然而，目前我国饲料中有毒有害物质和抗营养因子等的去除方法有限，因此需要大力研究非粮蛋白资源中有害物质和抗营养因子含量的快速检测，以及有效去除方法，为替代豆粕提供保障。当前饲料营养价值评定标准的缺乏，以及蛋白质效价与氨基酸平衡不能很好地满足动物生长需要，也造成了大量蛋白质资源的浪费（尹杰 等，2019）。

总之，我国非常规蛋白资源储备丰富，但是利用率较低。因此，相关部门迫切需要深化饲料行业供给侧结构性改革和应用先进的原料处理及饲料配制技术，从而利用好非常规蛋白资源，避免资源浪费，实现产业转型升级。

3. 倡导低蛋白清洁日粮相关政策

为推动饲料行业科技进步，减少饲料原料消耗，降低养殖业对环境造成的污染，倡导绿色发展，推动畜牧业源头减排，政府及饲料行业协会在近年相继进行政策引导，出台营养标准、玉米豆粕减量替代技术方案、促进更多的单体必需氨基酸生产等鼓励并支持广大饲料厂和养殖户推广应用低蛋白清洁日粮等饲料新技术，以减少养殖对环境排放的粪污。相关政策见表2-1。

表2-1　倡导低蛋白清洁日粮相关政策

时间	部门	政策
2018年11月	中国饲料工业协会	正式实施团体标准《仔猪、生长育肥猪配合饲料》（T/CFIAS 001—2018）。对粗蛋白质、总磷在常规只设定下限值的基础上增设了上限值，增加了限制性氨基酸品种，重新划分了动物生长阶段

时间	部门	政策
2019年11月	国家发展和改革委员会	修订发布《产业结构调整指导目录》，将"采用发酵法工艺生产小品种氨基酸等开发、生产、应用"列入鼓励类项目，按照有关规定审批、核准或备案，鼓励企业投资生产异亮氨酸、苯丙氨酸、组氨酸等产品，加快满足国内饲料工业低蛋白清洁日粮技术对小品种氨基酸的需求
2020年9月	国务院办公厅	印发《关于促进畜牧业高质量发展的意见》（国办发〔2020〕31号），明确提出"建立健全饲料原料营养价值数据库，全面推广饲料精准配方和精细加工技术""调整优化饲料配方结构，促进玉米、豆粕减量替代"等要求
2021年3月	农业农村部畜牧兽医局	发布关于推进玉米豆粕减量替代工作的通知，下达了《饲料中玉米豆粕减量替代工作方案》
2021年4月	国家市场监督管理总局、国家标准化管理委员会	正式实施国家标准《仔猪、生长育肥猪配合饲料》（GB/T 5915—2020），全部代替标准《仔猪、生长肥育猪配合饲料》（GB/T 5915—2008），育肥猪全程饲料平均蛋白水平最低为12.6%、最高为14.9%，有望将每千克猪肉消耗蛋白量下调10%以上
2021年4月	农业农村部	发布了《饲料原料营养价值数据库和饲料中玉米豆粕减量替代技术方案》
2021年10月	中共中央办公厅、国务院办公厅	印发了《粮食节约行动方案》，提出要加强饲料粮减量替代

第三章
低蛋白清洁日粮的作用效应

一、低蛋白日粮的概念及粗蛋白标准的变化

低蛋白日粮，是指与高蛋白日粮相比蛋白水平较低的日粮，这里的高蛋白质日粮通常为典型日粮或按某一饲养标准配制的日粮。低蛋白日粮与高蛋白日粮相比，前者的限制氨基酸种类较多、限制程度较大，日粮限制性氨基酸的满足程度制约低蛋白日粮的蛋白水平（霍启光，2004）。低蛋白日粮的研究基本是参照美国国家研究理事会（National Research Council，NRC）《猪营养需要》（1998）的蛋白水平（表3-1），在此标准上降低2%～4%，降低蛋白原料用量，通过添加适宜的合成必需氨基酸来满足动物对氨基酸的需求（即保持必需氨基酸的平衡）而配制的日粮，猪的生产性能保持不变（Bellego et al.，2002；Kerr et al.，2003；Shriver et al.，2003）。

表3-1　生长猪日粮蛋白质需要量

体重/千克	3～5	5～10	10～20	20～50	50～80	80～120
粗蛋白含量/%	26.0	23.7	20.9	18.0	15.5	13.2

随着对猪氨基酸营养需要的研究及应用的深入，以及工业合成氨基酸的发展，NRC《猪营养需要》已更新至第十一版（2012），通过总氮需要量进行蛋白含量换算，该版本则比NRC（1998）的推荐粗蛋白标准低2%～4%（表3-2）。以上方面说明低蛋白日粮的技术日益成熟。为使低蛋白日粮技术的推广应用有据可循、促进低蛋白日粮技术体系的建立与完善，中国饲料工业协会于2018年10月26日批准发布聚焦于降低日粮粗蛋白水平的《仔猪、生长育肥猪配合饲料》（T/CFIAS 001—2018）团体标准，这一标准的发布，为低蛋白日粮技术的应用提供了有效的参考依据；随后的2020年，饲料团体标准调整为国家标准《仔猪、生长育肥猪配合饲料》

（GB/T 5915—2020），同时还发布了国家标准《猪营养需要量》（GB/T 39235—2020）（表3-3），其中的蛋白含量标准相比2004年版的《猪饲养标准》（NY/T 65—2004）均有不同程度的下调，与NRC（2012）《猪营养需要》的标准相近。我国氨基酸工业发展迅速，必需氨基酸如赖氨酸、蛋氨酸、苏氨酸、色氨酸及缬氨酸等均能大量生产供应，有效地降低了添加的氨基酸的成本，为推动低蛋白日粮技术应用提供了物质基础。

表3-2　生长猪日粮总氮需要量及蛋白含量换算

体重/千克	5～7	7～11	11～25	25～50	50～75	75～100	100～135
总氮需要量/%	3.63	3.29	3.02	2.51	2.20	1.94	1.67
蛋白含量换算/%	22.69	20.56	18.88	15.69	13.75	12.13	10.44

表3-3　瘦肉型仔猪和生长育肥猪饲粮蛋白质需要量

体重/千克	3～8	8～25	25～50	50～75	75～100	>100
粗蛋白含量/%	21.0	18.5	16.0	15.0	13.5	11.3

二、理想蛋白质模式和能量体系的发展

低蛋白日粮技术的应用离不开理想蛋白质模式及净能体系。低蛋白日粮是根据理想蛋白质理论提出，添加晶体氨基酸来保证日粮的氨基酸平衡，从而在降低日粮粗蛋白水平的情况下，满足生猪的氨基酸营养需求，同时减少猪的代谢负担，降低腹泻概率，促进猪体健康。

理想蛋白质的概念源于人们尝试用氨基酸组成来衡量蛋白质的营养价值。Block和Boding（1944）得出生长动物的氨基酸需要量可以由动物体蛋白的氨基酸组成来确定的结论。后来的诸多研究发现，只有氨基酸在日粮氨基酸保持平衡的情况下，氨基酸才能被动

物机体有效地利用，任何一种氨基酸缺乏或过剩都会降低日粮中其他氨基酸的利用率。1946年，Mitchell和Block提出化学分数，即以日粮中第一限制性氨基酸和它的理想含量来衡量蛋白的营养价值。这就需要一个参比蛋白质，它的氨基酸组成应该最为平衡，于是理想蛋白质的概念应运而生。这一概念最初由Howard等（1958）提出，当时称完全蛋白质，指的是当日粮中各种必需氨基酸的组成和比例与动物必需氨基酸需要相同时，动物可以最大限度地利用饲料中的蛋白质。Cole（1980）提出，理想蛋白质是指各种必需氨基酸及供给合成非必需氨基酸的氮源之间具有最佳平衡的蛋白质。1981年，英国农业研究委员会（Agricultural Research Council，ARC）详细地描述了理想蛋白质的概念，理想氨基酸模式是指理想蛋白质中各种必需氨基酸的组成相对于赖氨酸的比例关系。有研究将理想蛋白质重新定义为每一种必需氨基酸和非必需氨基酸的总量都具有同等限制性的日粮蛋白质：如果一个日粮中缺乏一种或几种必需氨基酸，则可以通过添加不足的必需氨基酸来改变蛋白质沉积的速度；如果一个日粮中缺乏非必需氨基酸，则添加任何氨基酸都会改变氮沉积。

尽管许多学者对理想蛋白质概念的表达方式不同，但意义相近。理想蛋白质的实质是指各种必需氨基酸之间，以及必需氨基酸与非必需氨基酸之间具有最佳平衡的蛋白质。因此，理想蛋白质概念的根本就是氨基酸之间的平衡。在理想蛋白质条件下，动物可以达到最高的日粮蛋白质利用率，同时日粮中的必需氨基酸及合成的非必需氨基酸的氮源具有同等限制性。

理想蛋白质的理论基础是动物体内蛋白质的沉积对氨基酸比例的要求是相对恒定的，并且一般来说不受品种、性别和体重的影响。尽管畜禽本身、日粮、环境和其他因素都可能影响其对氨基酸的需要量，但对于一定条件下的畜禽来说，它们对于不同氨基酸的需要量之间的比例关系基本无影响或影响不大。以生长猪为例，有研究已经表明，不论其性别、体重如何，其在日粮氨基酸需要量方面的差异仅是绝对量上的不同，而各氨基酸的需要量之比总是保持不变的。

起初建立的理想蛋白质模式是以总氨基酸的需要量作为动物机体氨基酸的需要标准，然而总氨基酸并不能够被动物完全吸收利用，只有可消化氨基酸才能够被动物真正吸收利用。所以，后来研究者们将猪蛋白质营养的研究重点转移到以可消化氨基酸为基础的理想蛋白质模式和可消化氨基酸需要量等方面（王丹 等，2007）。1989年，Wang和Fuller以可消化氨基酸为基础进行试验，估测出一种理想蛋白质模式，改进了ARC提出的理想蛋白质模式。1990年，对理想蛋白质模式中的某些氨基酸相对于赖氨酸的比率做了调整。1992年，Chung和Baker通过以回肠末端真可消化氨基酸为基础进行估测，提出了仔猪日粮理想蛋白质模式，认为日粮蛋白质中单个氨基酸的可利用率不一致，且为了避免日粮或者内源氮带来的误差，则应以回肠末端可消化氨基酸来表示氨基酸模式。1994年，Friesen等提出了适合肥育猪需要的理想氨基酸模式。1998年美国采用析因法，用胴体无脂肌肉沉积量这一综合指标的变异来表示除体重外的多种因素对理想蛋白质氨基酸模式的影响，利用维持需要的蛋白质和蛋白沉积两个不同的理想蛋白质氨基酸模式来计算相应的回肠末端真可消化氨基酸需要量，把两者之和作为总的氨基酸需要，模拟出了不同阶段、饲养条件，以及生产水平下猪的理想蛋白质氨基酸模式，这一成果得到了各国营养专家及养殖者的认同。

动物的生长及维持除了需要蛋白质氨基酸外，也需要能量。饲料的能量可分为总能（GE）、消化能（DE）、代谢能（ME）和净能（NE）。总能是指饲料中有机物质完全氧化燃烧生成二氧化碳、水和其他氧化物时释放的全部热量，主要为碳水化合物、粗蛋白质

和粗脂肪能量的总和。消化能是指饲料可消化养分所含的能量，即动物摄入饲料的总能与粪能之差。代谢能是指饲料的消化能减去尿能及消化道内气体的能量后剩余的能量。净能则是指代谢能与热增耗能量之差。饲料的能量在猪体内的能量分配流程见图3-1。

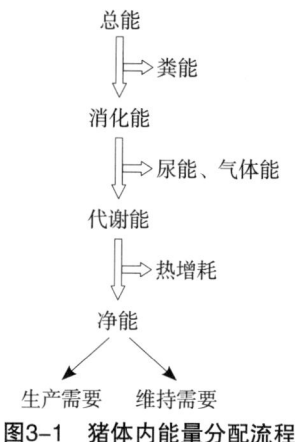

图3-1　猪体内能量分配流程

　　能量的消化率主要取决于日粮粗蛋白水平、纤维的含量和种类、日粮的脂肪含量。脂肪的能量效率最高，其次是淀粉，最后是蛋白质及纤维。用消化能或代谢能体系对饲料进行评价时，则对蛋白质或纤维来源的饲料能值评价过高而对富含碳水化合物和脂肪成分的饲料能值评价又过低（Noblet et al., 1987）。消化能体系被广泛应用于猪日粮的配制，但其只考虑粪能的损失，没有考虑尿能、气体能，以及动物的热增耗能量损失。净能体系则考虑了全部的能量损失，在理论上不考虑饲料成分不同给饲料能量利用带来的差异，是唯一表示动物能量需要和饲料能量价值统一的体系，也是衡量动物维持和生产所需能量的最佳指标，所以采用净能体系配制低蛋白日粮可更好地满足猪的实际营养需要。一些研究表明，使用低蛋白水平的日粮后，生猪的背膘厚度增加，瘦肉率降低（Carpenter et al., 2004；Deng et al., 2007；Morales et al., 2013），其中的日粮设计没有使用净能体系。景绍红（2005）认为，日粮营养水平特别是能量对猪的胴体组成性状和肉质有很大的影响，并且在日粮对猪肌内脂肪含量的调节中，蛋白质（氨基酸）与能量之比决定了猪体蛋白和脂肪沉积的比例。在"玉米-豆粕"型配方中，豆粕用量的减少会通过玉米用量的增加来补充，而通过表3-4（中国饲料数据库，2021）的能量数据可以看出，玉米代替豆粕后，配方中的净能水平增加，这是导致背膘厚度增加的因素之一。其次是饲喂低蛋白日粮后，与蛋白代谢相关的内脏器官重量减轻，使得更多的能量用于脂肪沉积（Noblet et al.，1987；Kerr et al.，1995，2003）。最后是经过氨基酸平衡的低蛋白日粮的猪尿氮和粪氮排泄量下降，而机体沉积氮的效率更高，氨基酸代谢减少（Deng et al.，2007），物质代谢能耗降低，用于沉积的能量增加。使用净能体系的低蛋白日粮则能很好地解决背膘厚度的问题（Bellego et al.，2001，2002；张桂杰 等，2010；蔡传江 等，2010）。

表3-4　部分原料相关能值比较

原料	消化能/千卡	代谢能/千卡	猪净能/千卡	净能/消化能	净能/代谢能
玉米	3 420	3 340	2 660	0.78	0.80
豆粕	3 370	2 970	2 020	0.60	0.68
麸皮	2 240	2 080	1 520	0.68	0.73
豆油	8 750	8 400	7 720	0.88	0.92

注：千卡为非法定计量单位，1千卡≈4.19千焦。

三、清洁日粮的定义

清洁日粮是指在满足动物机体生理、生产、繁殖等营养需求的同时，能够避免引起感染恶化的日粮（杨宽民 等，2016），其中

包括无抗生素、无重金属污染、无霉菌毒素、无抗营养因子，最后是低排放（杨宽民 等，2015）。

在饲料中使用抗生素虽然可以提高养殖场的效益，但其危害也不容忽视，包括产生细菌耐药性、肉制品中药物残留、抗生素在食物链中富集、污染环境、食品安全问题等，所以我国自2020年7月1日起，禁止在饲料中添加抗生素，这一禁令彻底解决了饲料中抗生素滥用的问题，饲料行业全面实现无抗生素。饲料中的重金属污染、霉菌毒素及有毒性的抗营养因子一直备受关注，因其影响动物的健康及生产性能，同时也关系人们的食品安全，相关的原料及饲料指导标准也因此设立，我国制定了《饲料卫生标准》（GB 13078—2017），作为限制饲料原料和饲料中的有毒有害物质和微生物的标准。除对原料的品质严格把控外，还可以达到对原料、饲料处理、清洁的目的，如生物发酵技术就可以很好地降低霉菌毒素和抗营养因子含量，产生大量的有机酸、小肽、酶及益生菌代谢产物等营养物质，提高原料的使用价值和饲料的适口性，促进动物消化吸收，减少粪污排放。对菜籽粕进行发酵处理，其抗营养因子噁唑烷硫酮被完全降解，异硫氰酸酯降解率也可达到91.92%，使用到我国生猪日粮中改善了生长性能，提高了抗氧化能力，但对免疫功能没有负面影响（孙佩佩 等，2019）。低蛋白日粮技术则从营养配方方面调整日粮的蛋白含量，降低蛋白原料使用比例，提高蛋白利用率，同时应用清洁日粮技术，达到低排放的目的。

四、低蛋白清洁日粮的主要优势

1. 节省蛋白原料用量，降低饲料成本

我国的猪饲料配方基本是以"玉米-豆粕"型为主，蛋白水平设置高，豆粕用量多，每年需要大量进口大豆才能满足饲料生产，

豆粕成为制约我国饲料工业发展的重要因素之一。豆粕作为大豆提油后的副产物，其价格受美国大豆期货市场影响较大。由于受国际局势的影响，2022年的豆粕价格变化剧烈，3月的价格每吨涨至5 000元以上，而且供应紧张，导致饲料成本大幅上升。根据配方优化，猪日粮配方蛋白水平每降低1%，则可以节省豆粕用量约3%，保持配方其他营养水平不变，豆粕会被价格较低的高能量原料如玉米、小麦及低能量的麸皮、米糠粕等代替，配合添加晶体氨基酸来平衡日粮的氨基酸，饲料成本下降。Zhang等（2010）研究表明，使用低蛋白氨基酸平衡技术，每降低1%的蛋白则可以降低1.5%的饲料成本。优化日粮的粗蛋白水平后，饲喂18%蛋白和15%蛋白日粮的育肥猪组生长性能没有显著差异，而低蛋白日粮组增重成本可节省0.2元/千克（和玉丹 等，2012）。低蛋白日粮成本节省的多少与饲料原料价格密切相关，特别是蛋白原料与其他原料的价格差，价格差越大，节省的成本就越多。

2. 降低氮、磷排放

一般而言，平均每天每头育肥猪产生4.55升的粪便，即每年排出约9.5千克的氮和约6.8千克的磷。1头猪从断奶到体重达100千克屠宰时止，消耗8～9千克氮，其中被吸收沉积为瘦肉的氮不超过3千克，而5～6千克氮则被排泄掉，被排泄的氮，33%在粪便中，67%在尿液中。在自繁自养的猪场，排入环境中的氮和磷都在70%以上（冯定远，2001）。其中的氮和磷主要来自饲料中的蛋白原料、无机磷及植酸磷，成为猪场环境污染的主要来源之一，氮、磷的排泄量与日粮中的蛋白水平、无机磷的添加及酶制剂的使用密切相关。通过向低蛋白日粮中补充必需氨基酸并保持平衡可以减少氮的排放（Klooster et al.，1998）。Carpenter等（2004）研究表明，在把生长育肥猪的日粮蛋白水平降低3.8%、5.8%和8.5%时，尿氮的排出量分别降低7.7克/天、10克/天、12.7克/天，总氮排放量

分别降低7.2克/天、12克/天、13.2克/天，氮利用率分别提高4%、8%和5%。可见，低蛋白日粮对于氮的减排有良好效果。易学武等（2009）总结有关文献资料（表3-5）（Bellego et al.，2001；Zervas et al.，2002；Kerr et al.，2006；Otto et al.，2003；Shrive et al.，2003）后得出，日粮蛋白水平降低，生猪食入氮也相应减少，排泄氮下降10.87%～40.17%，蛋白水平降低1%，氮排泄减少4.35%～10.99%。

表3-5　日粮蛋白降低水平对猪食入氮与排泄氮的影响

蛋白降低水平/%	体重/千克	氮变化百分比/%	
		食入氮	排泄氮
2.2	65	−11.33	−15.95
2.3	32	−12.11	−17.19
2.5	130	−15.74	−10.87
2.9	45	−7.29	−21.28
3.2	32	−15.81	−19.08
3.5	60	−23.13	−38.46
4.0	36	−25.00	−40.17

通过添加酶制剂或微生态制剂的清洁型日粮均可降低猪粪、尿中氮、磷排泄对环境的污染，其中添加植酸酶等酶制剂的低蛋白清洁日粮效果最佳，可使粪氮的排泄量降低10%，粪磷的排泄量降低36.63%（闫俊书 等，2011）。梁福广等（2007）在仔猪低蛋白低磷日粮中添加500单位的植酸酶，与对照组相比，粪中磷排泄量下降58%，而各组的磷沉积量差异不显著，原料中的植酸磷得到了充分的利用，完全可以取代无机磷，对生产性能及氮代谢没有影响。

3. 对生产性能的影响

传统日粮中设置较高的蛋白水平及大量使用豆粕的目的是使生

猪能够表现出更佳的生产性能，包括采食量、体增重和饲料转化率，从而提升猪场的经济效益。所以，动物的生产性能是低蛋白清洁日粮技术可行性的关键指标之一。随着合成氨基酸工业的发展，理想蛋白质模式及净能体系的完善，适当降低日粮蛋白水平并平衡日粮中的必需氨基酸，可使猪的生产性能不受影响。根据蛋白计算，日粮蛋白含量每降低1%，则豆粕（CP43）用量可以减少大约2.3%；按实际配方应用优化，豆粕用量可减少约3%，节省的蛋白原料数量还是很可观的，同时也缓解了环境污染下降的压力。配方中用量的蛋白原料主要被蛋白含量低的谷物及其副产物代替，而谷物及其副产物的价格一般都比蛋白原料价格低，所以低蛋白日粮既节约了蛋白原料，也降低了饲料成本。董志录（2011）研究表明，日粮中分别降低2%和3%蛋白水平，且保持氨基酸平衡，仔猪的日增重均有所提升，降低2%蛋白水平试验组提高了2.8%，降低3%蛋白水平试验组提高了7.1%。朱建平等（2014）研究表明，在育肥猪日粮蛋白水平降低3个百分点并平衡氨基酸的情况下，平均日增重不受影响，而且提升了日粮的吸收利用率。低蛋白日粮的蛋白水平应保持在适当的范围，生猪的生产性能不受影响，而蛋白水平下降超过4%，采食量、日增重及料肉比则会受到不同程度的影响。Htoo（2017）建议设计低蛋白日粮按照可消化赖氨酸与蛋白含量比值最大为6.9%，或总赖氨酸与蛋白含量比值最大为7.4%进行，超过此数值则对猪的生产性能会有影响。

4. 提升肠道健康

仔猪肠道健康一直备受营养学家的关注，因其直接影响猪的生产性能及养殖业的健康发展。仔猪消化功能发育不完善，体内分泌相关的酶不足，胃酸较少，对玉米、豆粕等植物原料组成的日粮有一定程度的消化障碍，容易引起腹泻。而在大量使用豆粕的高蛋白日粮中，由于大豆抗原蛋白含量较高，可导致肠道过敏反应，引起

仔猪肠道功能紊乱；过量的蛋白质摄入，部分未消化吸收的蛋白进入后肠段发酵，生成组胺、腐胺等有害物质，刺激肠壁，引发仔猪肠道损伤和功能紊乱，从而导致腹泻。在当前无抗日粮中，为预防仔猪腹泻，通常会使用如酸化剂、酶制剂、微生态制剂等添加剂。此外，降低日粮蛋白也可预防仔猪腹泻的发生。

Heo等（2008，2009）研究发现，饲喂蛋白水平不高于17.5%的低蛋白日粮可降低断奶后仔猪的腹泻率，即使在感染大肠杆菌的情况下，低蛋白日粮组的腹泻率依然较低。Wen等（2018）报道，与19%和23.7%蛋白水平的日粮相比，饲喂蛋白水平17%日粮的断奶仔猪粪便含水率低，成形更好，腹泻率低。将21日龄断奶猪的日粮粗蛋白水平降至17%，并优化必需氨基酸模式，仔猪的生产性能不受影响，肠道健康和营养物质消化利用率得以提升，并且肠道菌群结构得以改善（Zhou et al., 2020）。大量的研究发现，在一定范围内降低日粮的蛋白水平对仔猪肠道健康具有积极的影响。中、大猪及母猪发育基本成熟，免疫系统已良好建立，肠道微生物组成平衡稳定，消化能力强，日粮粗蛋白水平对肠道健康影响小。

第四章
常用大豆原料的替代品

　　大豆类原料替代目的是降低大豆类原料用量比例，甚至不使用大豆类原料，替代原料可归类为能量原料、蛋白原料及纤维原料，主要是谷物的副产物如玉米胚芽粕、玉米酒糟蛋白饲料（DDGS）、米糠、米糠粕和麦麸（麦麸在饲料厂和农场自配料中常用，本章不作介绍）等，或油籽脱脂后的副产物如菜籽粕、棉籽粕、葵花籽粕、花生粕、棕榈仁粕和椰子粕等。这些原料的主要特点是蛋白含量不低，国内外来源较多，成本相对较低，但也存在一些限制使用的因素，如颜色深、气味重、蛋白消化率低、抗营养因子含量高等。现就常用的几种大豆替代性原料的营养特点及在猪料中的使用建议作具体介绍，部分常规营养指标见表4-1（中国饲料数据库，2021）和表4-2（Jaworski et al.，2014）。

表4-1　常规营养指标（一）

原料名称	粗蛋白含量/%	粗脂肪含量/%	粗纤维含量/%	粗灰分含量/%	钙含量/%	磷含量/%
大豆粕	44.2	1.9	5.9	6.1	0.33	0.62
玉米胚芽粕	20.8	2.0	6.5	5.9	0.06	0.50
玉米DDGS	27.5	10.1	6.6	5.1	0.06	0.71
米糠	14.5	15.5	6.8	7.6	0.05	2.37
米糠粕	15.1	2.0	7.5	8.8	0.15	1.82
菜籽饼	35.7	7.4	11.4	7.2	0.59	0.96
菜籽粕	38.6	1.4	11.8	7.3	0.65	1.02
棉籽饼	36.3	7.4	12.5	5.7	0.21	0.83
棉籽粕1级	47.0	0.5	10.2	6.0	0.25	1.10
棉籽粕2级	43.5	0.5	10.5	6.6	0.28	1.04
葵花籽饼3级	29.0	2.9	20.4	4.7	0.24	0.87
葵花籽粕（壳仁比16∶84）	36.5	1.0	10.5	5.6	0.27	1.13
葵花籽粕（壳仁比24∶76）	33.6	1.0	14.8	5.3	0.26	1.03
花生饼	44.7	7.2	5.9	5.1	0.25	0.53
花生粕	47.6	1.4	6.2	5.4	0.27	0.56

表4-2 常规营养指标（二）

原料名称	粗蛋白含量/%	粗脂肪含量/%	总膳食纤维含量/%	粗灰分含量/%	钙含量/%	磷含量/%
棕榈仁粕	13.6	1.3	70.9	3.8	0.20	0.54
椰子粕	22.0	1.9	46.9	6.0	0.04	0.52

1. 玉米胚芽粕

玉米胚芽粕（图4-1）为玉米胚芽提取油后剩余的副产物，色泽为淡黄色至褐色，带有新鲜的油粕味，呈粉状。玉米胚芽粕属于能量中等的蛋白原料。

图4-1 玉米胚芽粕

（1）生产工艺

玉米→浸泡→脱胚→胚芽分离→胚芽洗涤→脱水→干燥→浸提或压榨→玉米胚芽粕。

（2）营养特点

非喷浆的玉米胚芽粕粗蛋白含量约为20%，蛋白质中球蛋白占70%～75%，蛋白品质好（李德发，2001）。磷多钙少，由于生产工艺的不同，营养指标变化大，如添加了玉米浆后，粗蛋白及粗灰分较高，颜色较深，口感稍差，有涩味。由于混有部分玉米皮，

粗纤维含量较高，纤维素和阿拉伯木聚糖是纤维的主要成分，消化率不高（Jaworski et al.，2015）。随着玉米浆在配方中的添加量增加，蛋白质消化率降低，使用量到20%时，蛋白质消化率下降明显，增加了氮的内源性分泌和在胃肠道的通过率，可能与纤维含量增加有关，但其添加量对能量（消化能、代谢能）的消化率无影响（Zeyu et al.，2019）。玉米胚芽粕的优点和缺点见表4-3。

表4-3　玉米胚芽粕的优点和缺点

优点	缺点
1.粗蛋白含量适中，球蛋白占比高，品质好	1.纤维含量高，影响适口性
2.必需氨基酸含量、能量适中	2.喷浆玉米胚芽粕颜色深，适口性差，蛋白消化率低，毒素含量高，影响肠道健康
3.非喷浆玉米胚芽粕适口性较好，氨基酸消化率高	3.存在霉菌毒素含量高的风险

（3）在猪饲料中的应用

有资料报道，给30千克的生长猪使用40%的玉米胚芽粕，猪的生长速度不受影响，但饲料效率下降，料肉比增加。受玉米胚芽粕的纤维含量及对日粮消化率的影响，考虑到生猪的适口性和生产性能，建议猪饲料中玉米胚芽粕的添加量不超过20%，同时需要关注原料的霉菌毒素含量。

2. 玉米DDGS

玉米DDGS（图4-2）是使用玉米生产生物酒精（乙醇）后的副产物，由干酒精糟（DDG）和可溶性酒精糟滤液（DDS）组成，富含蛋白质、脂肪、维生素和矿物质等，属于高能量蛋白原料，广泛应用于动物饲料中。玉米DDGS颜色多样，从淡黄色到深褐色，受DDS的添加比例、干燥时间和干燥温度等因素影响较大。一般呈芳香、发酵性气味。粉状，流动性差，有油感。

图4-2　玉米DDGS

（1）生产工艺

玉米DDGS生产工艺如图4-3。

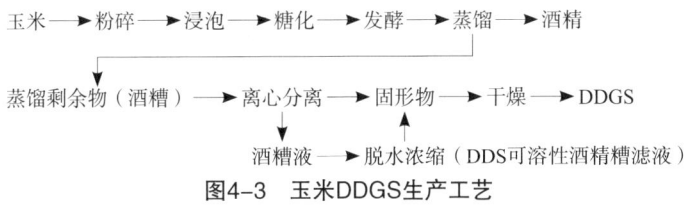

图4-3　玉米DDGS生产工艺

（2）营养特点

玉米DDGS的粗蛋白、粗脂肪、粗纤维和粗灰分含量是玉米的3倍多，消化能和代谢能与玉米相近，其能量与脂肪含量呈正相关。脂肪为多不饱和脂肪，当使用量超过20%时，猪的胴体品质及屠宰率下降（Whitney et al.，2006）。钙少磷多，磷的消化率高，表观消化率为59%，相当于磷酸二钙的生物利用率的70%～90%（Pedersen et al.，2007）。有效磷含量高，配方中添加10%或20%玉米DDGS，可减少无机磷的添加，降低磷的排放，减少对环境的污染，而猪对磷的营养需要及磷沉积量正常（Hanson et al.，2012）。纤维含量较高，其中含有35%不可溶性纤维和6%可溶性纤维，纤维的表观消化率为43.7%，低消化率的纤维影响其他干物

质的消化，能量下降。非淀粉多糖（NSP）含量为32.5%，是玉米的4.1倍，木聚糖和阿拉伯糖大量富集，分别是玉米的4倍和3.8倍（Pedersen et al.，2014）。总赖氨酸含量相对较低，不到1%，质量变异大，标准回肠消化率为38.2%～61.5%（Fastinger et al.，2006）。玉米DDGS颜色的亮度指标与总赖氨酸含量为中等程度相关，颜色较浅的倾向于具有更高的赖氨酸含量和赖氨酸消化率，由于玉米产地、品种、生产工艺的不同，不同来源的玉米DDGS质量差异大。玉米DDGS的优点和缺点见表4-4。

表4-4　玉米DDGS的优点和缺点

优点	缺点
1. 粗蛋白与粗脂肪含量较高	1. 纤维含量稍高，适口性一般
2. 含较多的长链不饱和脂肪酸，能量较高	2. 赖氨酸含量低
3. 磷含量及消化率较高	3. 木聚糖和阿拉伯糖等非淀粉多糖含量高
4. 经酵母发酵，有利于猪的生长和肠道健康	4. 粗脂肪、氨基酸含量及消化率、颜色变异大
—	5. 霉菌毒素含量易超标

（3）在猪饲料中的应用

玉米DDGS的气味、纤维含量及霉菌毒素含量会影响猪的适口性，因此尽量选择浅色及低毒素含量的玉米DDGS。使用非淀粉多糖酶可以提高猪的消化利用率，同时需要关注霉菌毒素含量。众多研究资料中所推荐的添加量不尽相同，其中美国谷物科技协会2007年最大推荐用量为保育猪30%，生长育肥猪和生长小母猪20%，妊娠母猪及公猪50%，泌乳母猪50%。

3. 米糠和米糠粕

水稻是我国的主粮之一，种植范围广，近几年的年产量突破2亿吨。在稻米加工过程中产生的相关副产物数量也不少，其中便包含米糠（图4-4）和米糠粕（图4-5）。米糠占比仅次于稻壳，其是由糙米加工成精米过程中的一种副产物，包括米皮层、胚和少量胚乳，占糙米重量的8%～11%（李德发，2001）。米糠也称全脂米糠，占比与稻谷品种及生产工艺相关。米糠呈粉状、浅黄色，新鲜米糠有米香味，味甜，有油感，流动性差。米糠粕是使用米糠浸提去油脂后的残渣，是颗粒和粉状的混合物，呈浅黄色或浅褐色，有米香味，味甜。

图4-4　米糠

图4-5　米糠粕

（1）生产工艺

米糠和米糠粕生产工艺如图4-6。

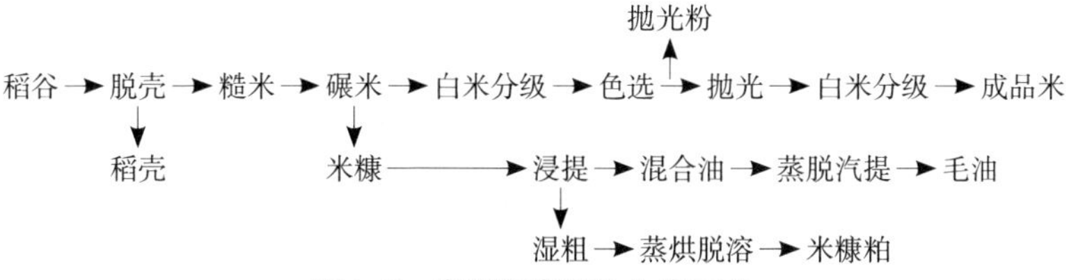

稻谷 → 脱壳 → 糙米 → 碾米 → 白米分级 → 色选 → 抛光 → 白米分级 → 成品米

抛光粉

稻壳　　　　　米糠　—→ 浸提 → 混合油 → 蒸脱汽提 → 毛油

湿粕 → 蒸烘脱溶 → 米糠粕

图4-6　米糠和米糠粕生产工艺

（2）营养特点

米糠含有丰富的脂肪，可提供大量的能量。脂肪中以不饱和脂肪酸为主，占总脂肪酸的76.5%；亚油酸占34.3%，其中非皂化物占4.1%，主要由天然的抗氧化剂组成，如生育酚、生育三烯醇和谷维素（Kahlon et al.，1992）。磷含量高，以植酸磷为主。抗营养因子有脂肪酶、胰蛋白酶抑制剂、血细胞凝集素和植酸。脂肪酶与其中的脂肪接触后发生氧化反应，使米糠酸败变质；胰蛋白酶抑制剂与动物体内的胰蛋白酶结合，使其失去酶活性，影响对蛋白的消化率；血细胞凝集素可降低营养物质如蛋白质、氨基酸等的生物利用率；植酸易与多种矿物结合形成难溶的植酸盐，动物难以消化利用，如植酸磷。

经脱脂的米糠粕脂肪含量低，粗蛋白、粗纤维和粗灰分含量比米糠略高，总膳食纤维占24.4%，其中不可溶性膳食纤维占22.5%（Beloshapka et al.，2016），影响营养物质的消化率。米糠在加热脱脂过程中已将抗营养因子的酶类灭活，使米糠粕耐储存。

使用木聚糖酶可将米糠或米糠粕消化能和代谢能提升10%（Casas et al.，2016），也可提升蛋白质和氨基酸的消化率，使用植酸酶可释放更多的植酸磷，减少无机磷的使用（Neto et al.，2021）。米糠和米糠粕的优点和缺点见表4-5。

表4-5　米糠和米糠粕的优点和缺点

优点	缺点
1. 粗蛋白和氨基酸含量比玉米高	1. 脂肪酶易引起米糠氧化酸败变质，不耐存放
2. 米糠脂肪含量高，能量高	2. 米糠含有胰蛋白酶抑制剂，血细胞凝集素和大量的植酸
3. 新鲜米糠适口性好	3. 米糠用量较高时影响胴体品质
4. 富含B族维生素和维生素E	4. 有的会掺入稻壳，降低使用价值
5. 总磷含量高	—

（3）在猪饲料中的应用

使用米糠时要求其新鲜，没有做过处理的米糠不易保存，夏季最好在一周内使用完，冬季可存放半个月。在生长育肥猪日粮中用30%的米糠代替玉米，猪的生长性能受到影响，料肉比升高15%，屠宰率降低约10%（Campos et al., 2018）；而Casas等（2018）在生长育肥猪日粮中添加20%或30%的米糠可提高饲料报酬，胴体品质不受影响，腹脂的多不饱和脂肪酸增加，而米糠粕使用量大于20%以后，饲料报酬下降。建议米糠使用量不高于30%，使用量较大时注意其对颗粒饲料含粉率的影响，在使用米糠或米糠粕日粮中添加木聚糖酶和植酸酶可增加营养物质的消化利用率。

4. 菜籽饼粕

油菜种植历史悠久，分布广泛，是人类重要的油料作物之一。传统的菜籽具有较高含量的芥酸和硫代葡萄糖苷等抗营养因子，随着育种的发展，20世纪70年代加拿大的研究机构培育出了低芥酸和低硫代葡萄糖苷含量的油菜品种，称为"双低菜籽"（Bell，1984），其中芥酸在脂肪酸中的含量低于2%，每克风干油中的硫代葡萄糖苷含量低于30微摩尔。菜籽饼是通过机械压榨提油后的剩余物，片状，有油感；经溶剂浸提去油后的剩余物为菜籽粕，呈粉状，带有少量不规则的小颗粒，浅黄褐色，略有苦味。当前的生产工艺主要是溶剂浸提，以菜籽饼粕（图4-7）的形式用于饲料工业。

图4-7 菜籽饼粕

（1）生产工艺

菜籽饼粕生产工艺如图4-8。

油菜籽 → 除杂 → 轧胚 → 蒸炒 → 压榨 → 过滤 → 菜籽油
                                                                          → 菜籽饼
                                            → 预压榨 → 浸提 → 湿粕 → 脱溶烘干 → 菜籽粕

菜籽油 ← 精炼 ← 菜籽毛油 ← 蒸脱汽提 ← 混合油

图4-8　菜籽饼粕生产工艺

（2）营养特点

菜籽饼粕粗蛋白含量高于35%，不同品种的菜籽粗蛋白含量有所差异。菜籽粕的氨基酸较平衡，总赖氨酸含量较低，约为豆粕的一半，含硫氨基酸（蛋氨酸、胱氨酸）丰富，是豆粕含量的120%，与豆粕一起使用，部分氨基酸可互补。受生产工艺的影响，氨基酸的消化率比豆粕低，其中赖氨酸的消化率低5%～10%（Parsons et al.，1992；Anderson-Hafermann et al.，1993；Newkirk et al.，2003）。菜籽的纤维主要存在于种皮中，含量为16.8%～21.2%（Bell，1993），提取菜籽油后其纤维含量增加30%，其中粗纤维、酸性洗涤纤维、中性洗涤纤维含量均较高，这是影响消化能和代谢能能值的主要因素。菜籽粕的抗营养因子较多，包括芥酸、硫代葡萄糖苷、植酸、单宁等，影响动物对其的消化利用，但双低菜籽粕的抗营养因子含量明显较低，因此广泛且大量地用于各种动物饲料中。菜籽饼粕的优点和缺点见表4-6。

表4-6　菜籽饼粕的优点和缺点

优点	缺点
1. 粗蛋白含量高	1. 粗纤维含量高，能量水平低
2. 含硫氨基酸丰富	2. 赖氨酸含量低
3. 氨基酸组成较平衡	3. 蛋白质和氨基酸消化率不高
4. 双低菜籽粕的芥酸和硫代葡萄糖苷含量低	4. 适口性一般
—	5. 含有较多的抗营养因子

（3）在猪饲料中的应用

经育种改良，双低菜籽粕的芥酸和硫代葡萄糖苷含量很低，有的品种含量甚至为0，在加工过程中，将种皮去掉后菜籽粕的纤维含量下降，单宁几乎去除，适口性改善，营养水平及消化利用率提高。有研究表明，在肉猪料中双低菜籽粕使用量为20%，甚至25%对生猪的采食量、增重及饲料效率没有影响（Landero et al.，2011，2012；Sanjayan et al.，2014）。Schöne（1997）认为，生长猪可耐受2微摩尔/克的硫代葡萄糖苷，我们可根据菜籽粕的硫代葡萄糖苷含量去设定其在日粮配方中的添加水平。菜籽粕在母猪料中的使用也有研究，添加量为10%，且硫代葡萄糖苷含量低至2微摩尔/克，母猪的生产性能不受影响（King et al.，2001；Quiniou et al.，2012）。

5. 棉籽饼粕

棉籽饼粕（图4-9）是经脱脂加工后的副产物，黄褐色，呈粉状，或带有少量的壳及棉绒。

图4-9 棉籽饼粕

（1）生产工艺

棉籽饼粕生产工艺如图4-10。

全棉籽 → 脱壳 → 轧胚 → 蒸炒 → 预压榨/膨化 → 浸提 → 湿粕 $\xrightarrow{\text{脱溶烘干}}$ 棉籽粕

棉籽油 ← 精炼 ← 棉籽毛油 ← 蒸脱汽提 ← 混合油

图4-10 棉籽饼粕生产工艺

（2）营养特点

由于脱脂工艺不同，棉籽粕的粗脂肪含量比棉籽饼低，但粗蛋白含量较高。另外棉籽壳占比为22%（Li et al.，2012），所以棉籽饼粕中的棉籽壳含量直接影响粗蛋白的值，经脱壳的棉籽粕粗蛋白基本可达47%。总精氨酸含量很高，是赖氨酸的两倍多，氨基酸分布不平衡。棉籽粕粗纤维含量大约10%，影响有效能值，消化能及代谢能较低，是豆粕的65%。总磷含量1%左右，其中有效磷占25%，使用植酸酶可提高磷的消化率。棉酚是棉籽粕的主要抗营养因子，其中结合棉酚无毒性，而游离棉酚具有毒性，可影响动物的生长、发育和繁殖（Zhang et al.，2006）。棉酚可与蛋白质、氨基酸及铁离子结合，导致这些营养物质消化率下降。棉籽饼粕的优点和缺点见表4-7。

表4-7 棉籽饼粕的优点和缺点

优点	缺点
1. 粗蛋白含量高，与豆粕相当	1. 粗纤维含量高，能值低
2. 总磷含量高	2. 适口性不好
3. 可降低颗粒饲料的含粉率	3. 精氨酸含量高，与赖氨酸比例不平衡
—	4. 游离棉酚有毒性，限制了在猪日粮中的添加量及使用范围

（3）在猪饲料中的应用

在猪饲料中的限制使用因素主要是棉酚，日粮中游离棉酚水平为1×10^{-4}时可使猪的采食量下降，并可导致死亡（Clawson et al.，1966），棉籽饼的添加量达到16%时猪的采食量下降，生长受到抑制（Rincon et al.，1978）。棉籽粕在猪饲料中的使用研究较少，而且结果不一致，可能与原料生产工艺、品质等有较大关系。如需要在猪饲料中使用，建议只在生长育肥猪阶段，而且要参照《饲料卫生标准》（GB 13078—2017），棉籽饼粕的游离棉酚含量应不高于1 200微克/毫升，配合饲料中的游离棉酚含量应不高于20微克/毫升。

6. 葵花籽粕

葵花籽又称为向日葵籽，扁平状，壳占30%～32%，含油20%～32%，脱壳后葵花仁含油40%～50%（李德发，2001），经机械压榨或浸提脱脂后的残渣即为葵花籽饼或粕（图4-11）。呈松散片状或粉状，浅灰色。

图4-11　葵花籽粕

（1）生产工艺

葵花籽粕生产工艺如图4-12。

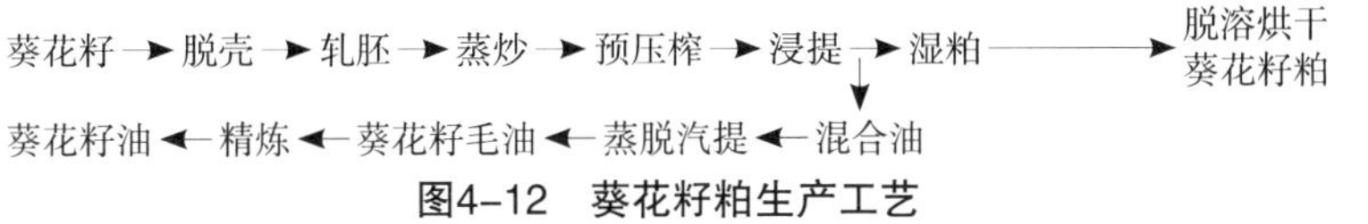

葵花籽 → 脱壳 → 轧胚 → 蒸炒 → 预压榨 → 浸提 → 湿粕 ⟶ 脱溶烘干
葵花籽粕

葵花籽油 ← 精炼 ← 葵花籽毛油 ← 蒸脱汽提 ← 混合油

图4-12　葵花籽粕生产工艺

（2）营养特点

葵花籽粕的粗蛋白含量与脱壳程度有关，压榨浸提脱脂后，没有脱壳的葵花籽粕粗蛋白含量为25%～28%，部分脱壳后的粗蛋白含量为34%～38%，完全脱壳后的粗蛋白含量大于40%。总赖氨酸

含量约1.2%，含硫氨基酸比赖氨酸含量略高，精氨酸含量很高，是赖氨酸的2.5倍左右。粗纤维含量因壳占葵花籽粕的比例而不同，是导致能值较低的主要因素。低钙高磷，总磷含量约1%，其中有效磷含量占总磷含量约25%，大部分以植酸磷的形式存在，使用植酸酶后磷的消化率可提高至50%以上（Rodríguez et al.，2013）。

葵花籽粕含有少量的酚类化合物，主要是绿原酸，占总酚类的70%（Pedrosa et al.，2000）。绿原酸具有抗氧化作用，经氧化后颜色变深，对动物生产性能几乎无影响。葵花籽粕的优点和缺点见表4-8。

表4-8　葵花籽粕的优点和缺点

优点	缺点
1. 粗蛋白含量高，与脱壳程度相关	1. 粗纤维含量高，能值低
2. 含硫氨基酸含量丰富	2. 带壳的葵花籽粕适口性一般
3. 总磷含量高	3. 赖氨酸含量低，氨基酸组成不平衡
4. 抗营养因子少	4. 有效磷含量低
—	5. 受绿原酸影响，颜色会变深

（3）在猪饲料中的应用

葵花籽粕的粗纤维会影响猪饲料的适口性，低含量的赖氨酸及低能值影响其使用价值。猪饲料中添加比例不高于10%，可根据采食量的变化而调整使用量。

7. 花生饼粕

花生饼粕（图4-13）是花生脱壳经机械压榨或压榨后再用溶剂浸提脱脂后的副产物，呈片状或块状，有少量为粉状，浅褐色至深褐色，有花生香味，有的带少量花生壳，花生粕表面粗糙，花生饼有油感。

图4-13　花生饼粕

（1）生产工艺

花生饼粕生产工艺如图4-14。

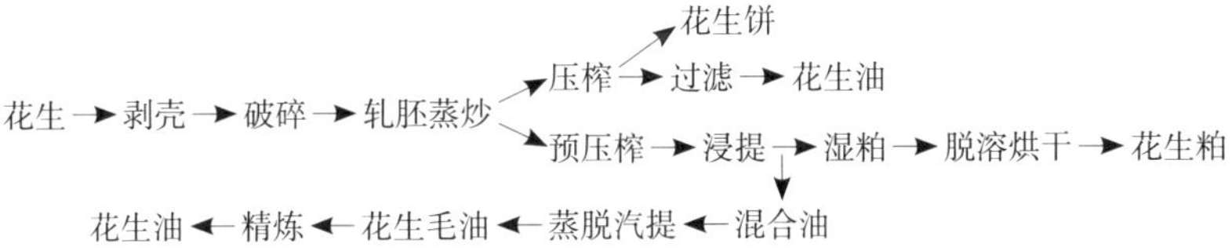

花生 → 剥壳 → 破碎 → 轧胚蒸炒 → 压榨 → 过滤 → 花生饼 / 花生油

预压榨 → 浸提 → 湿粕 → 脱溶烘干 → 花生粕

花生油 ← 精炼 ← 花生毛油 ← 蒸脱汽提 ← 混合油

图4-14　花生饼粕生产工艺

（2）营养特点

粗蛋白含量高，且与脱壳程度有关，基本在45%以上，以不溶于水的球蛋白为主。精氨酸含量高，占粗蛋白的10%左右，但总赖氨酸含量较低，约为豆粕的一半。受生产工艺及脱壳程度的影响，花生饼的营养素含量变化较大，粗脂肪含量较高，其中不饱和脂肪酸占比80%，有丰富的油酸和亚油酸，饱和脂肪酸占20%（Aung et al.，2018），生猪摄入过多会导致脂肪较软。总磷含量不高，有效磷含量为总磷含量的30%左右，钙、磷比约1∶2。几乎没有抗营养因子，但易受黄曲霉毒素的污染，使用前要检测黄曲霉毒素含量，不得高于50微克/千克。花生籽粕的优点和缺点见表4-9。

表4-9 花生饼粕的优点和缺点

优点	缺点
1. 粗蛋白含量比豆粕高，与脱壳程度相关	1. 花生粕能值低，花生饼不易存放
2. 花生饼粗脂肪含量高，能值高	2. 氨基酸含量不高，组成不平衡，特别是精氨酸与赖氨酸比例较高
3. 适口性好	3. 粗脂肪主要是不饱和脂肪酸，摄入过多影响胴体品质
4. 抗营养因子少	4. 易受黄曲霉毒素污染，影响使用价值

（3）在猪饲料中的应用

在猪日粮中大量使用花生粕会影响生产性能，其中的原因是没有添加单体氨基酸，赖氨酸水平偏低，氨基酸分布不平衡。Shelton等（2001）在生长育肥猪日粮中使用49%的花生粕，同时添加赖氨酸和色氨酸，猪的生产性能及胴体品质不受影响。在保证花生粕的黄曲霉毒素含量合格的条件下，建议将生长育肥猪日粮添加量控制在25%以内，平衡能量，同时补充赖氨酸等必需氨基酸。

8. 棕榈仁粕和椰子粕

棕榈树及椰子树主要分布在热带地区，将棕榈仁及椰子肉脱脂后得到的副产物分别为棕榈仁粕和椰子粕。

棕榈仁粕（图4-15）带有少量坚硬的棕榈壳，颜色深，带较重的棕榈气味，呈粉状，带有颗粒。粗蛋白含量约13.6%，总赖氨酸低于0.5%，81%的碳水化合物以非淀粉多糖的形成存在，其中主要是甘露聚糖（Knudsen，1997；Daud et al.，1992；Dusterhoft et al.，1992）。木质素含量很高，主要存在于外壳中（Mok et al.，2013）。受纤维含量高的影响，棕榈仁粕可利用的能量水平很低。适口性不好，建议在猪饲料中添加量不高于5%。棕榈仁粕的优点和缺点见表4-10。

图4-15　棕榈仁粕

表4-10　棕榈仁粕的优点和缺点

优点	缺点
1. 粗蛋白含量中等	1. 纤维含量高，影响适口性
2. 可发酵纤维含量高，有利于母猪肠道健康	2. 能量低，必需氨基酸含量低
—	3. 非淀粉多糖含量高，主要是甘露聚糖
—	4. 外壳硬度大，易损坏筛网

　　椰子粕（图4-16）为浅褐色，有椰子香味，呈颗粒状或粉状。粗蛋白含量高于20%，总赖氨酸低于0.5%，氨基酸消化率受加热程度影响大。生产工艺不同，脂肪含量差异大，低脂椰子粕的脂肪含量约2%，脂肪以饱和脂肪酸为主。粗纤维含量为10%～16%，非淀粉多糖含量高，主要包括甘露聚糖、半乳甘露聚糖、阿拉伯半乳聚糖和纤维素（Balasubramaniam，1976；Saittagaroon et al.，1983）。受高纤维含量影响，适口性不佳，能量和氨基酸水平低，建议在猪饲料中添加量低于10%。椰子粕的优点和缺点见表4-11。

图4-16 椰子粕

表4-11 椰子粕的优点和缺点

优点	缺点
1. 粗蛋白含量中等	1. 纤维含量高，影响适口性
2. 高脂椰子粕粗脂肪含量较高，大约8%，主要为饱和中链脂肪酸	2. 能量低，必需氨基酸含量低
3. 可发酵纤维含量高，有利于母猪肠道健康	3. 非淀粉多糖含量高，影响消化
—	4. 易污染黄曲霉毒素

第五章

低蛋白清洁日粮配方
技术实践

　　饲料配方需要根据动物的营养需要，结合原料的营养成分、特点和生产工艺，将所需原料进行组合，达到营养平衡、成本合适的目的，使配制的日粮可充分发挥动物的生产性能并获得最大的经济效益。随着研究的不断深入和技术的不断发展，在净能体系、理想氨基酸模式及清洁日粮理论的指导下配制的低蛋白日粮，其营养水平越来越接近动物的真实需要，提高了营养物质的消化利用率，节约了蛋白原料资源，达到了高吸收低排放的目的。

　　饲喂程序的合理优化也有助于提高饲料效率，增加农场效益，减少污染物排放。肉猪的饲养周期约6个月，根据其生理特点可划分为不同的阶段，每个阶段的营养需要不同，如标准回肠可消化赖氨酸，随着日龄及体重的增加，日粮赖氨酸水平应逐渐降低（NRC，2012）（图5-1）。当前有的农场为图方便等，从小猪阶段到出栏仅使用一个阶段的饲料，如小猪料，其虽可以满足小猪阶段的营养需要，但是对于中猪和大猪则会表现出营养不平衡、部分营养素过剩的弊端，最典型的就是蛋白质和氨基酸过剩，影响生产性能，增加用料成本，增加氮、磷排放，造成环境污染。

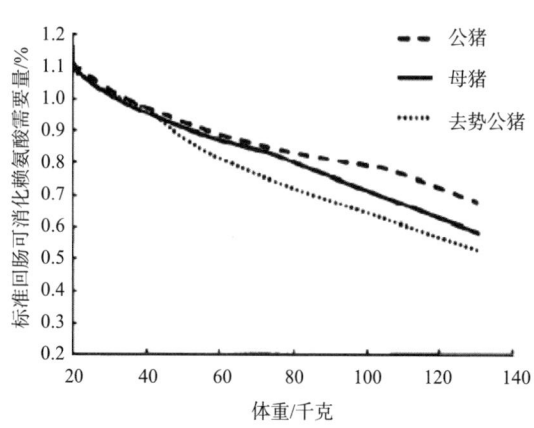

图5-1　20～130千克的公猪、母猪和去势公猪对标准回肠可消化赖氨酸的需要量

低蛋白日粮技术的日益成熟、营养水平的合理设置完全可以满足生猪的生长需要。结合《猪营养需要》（NRC，2012）、《仔猪、生长育肥猪配合饲料》（GB/T 5915—2020）及《猪营养需要量》（GB/T 39235—2020）所规定的粗蛋白水平，综合取值，采用低蛋白清洁日粮配方技术，充分利用谷物副产物及部分杂粮类原料，可降低豆粕用量，降本增效。根据猪的不同生长阶段，本章特设计如下推荐配方以供参考。原料参数来源为《中国饲料成分及营养价值表》（2021年），使用的豆粕粗蛋白含量为43%。

一、乳猪阶段配方技术应用

考虑到乳猪的生理特点，人们对乳猪日粮的营养水平要求较高，使用的原料要求品质优良、适口性好、易消化、抗营养因子低等。日粮粗蛋白水平设置过高会加重消化道的负担，容易导致腹泻，影响生长，同时还增加成本；如果粗蛋白水平降低两个百分点，可平衡必需氨基酸，豆粕和膨化大豆使用量减少6%，配方成本优势明显，由大豆类原料带来的抗营养因子如大豆抗原蛋白及胰蛋白酶抑制因子等的含量则大幅降低，提高日粮营养的消化吸收率，促进乳猪生长，提高经济效益。乳猪高蛋白配方和低蛋白推荐配方及营养指标见表5-1和表5-2。

表5-1 乳猪阶段配方示例

配方号	玉米含量/%	豆粕含量/%	膨化大豆含量/%	进口鱼粉含量/%	预混料含量/%	合计/%
配方一	60.0	21.0	11.0	2.0	6.0	100.0
配方二	66.0	17.0	9.0	2.0	6.0	100.0

注：配方一是粗蛋白水平较高的日粮，配方二是降低粗蛋白水平后的日粮（表5-2同）。

表5-2　乳猪阶段配方相关营养指标

配方号	粗蛋白含量/%	赖氨酸含量/%	蛋+胱氨酸含量/%	苏氨酸含量/%	色氨酸含量/%	缬氨酸含量/%	异亮氨酸含量/%	总钙含量/%	总磷含量/%
配方一	19.0	1.20	0.66	0.71	0.21	0.76	0.62	0.74	0.62
配方二	17.0	1.20	0.66	0.71	0.21	0.76	0.62	0.74	0.62

注：氨基酸模式参照《猪营养需要量》（GB/T 39235—2020），氨基酸含量以标准回肠可消化需要量为基础。

二、小、中、大猪及母猪阶段配方技术应用

　　参照"玉米-豆粕"型高蛋白日粮除粗蛋白外的相关营养指标（表5-3中的标准一），采用低蛋白清洁日粮配方技术进行优化（表5-3中的标准二）：其一是通过降低粗蛋白水平，以降低豆粕用量（表5-4中的配方二至表5-13中的配方二）；其二是降低配方中粗蛋白水平及使用谷物副产物和其他的蛋白原料（表5-4中的配方三至表5-13中的配方三），达到降低日粮粗蛋白水平及豆粕用量的目的。

表5-3　小、中、大猪及母猪高蛋白配方和低蛋白推荐配方相关营养参照指标

阶段	粗蛋白含量/%	赖氨酸含量/%	蛋+胱氨酸含量/%	苏氨酸含量/%	色氨酸含量/%	缬氨酸含量/%	异亮氨酸含量/%	总钙含量/%	总磷含量/%
小猪标准一	17.0	0.95	0.54	0.59	0.17	0.64	0.49	0.63	0.53
小猪标准二	15.0	0.95	0.54	0.59	0.17	0.64	0.49	0.63	0.53
中猪标准一	16.0	0.85	0.49	0.54	0.15	0.57	0.45	0.59	0.47
中猪标准二	14.0	0.85	0.49	0.54	0.15	0.57	0.45	0.59	0.47

阶段	粗蛋白含量/%	赖氨酸含量/%	蛋+胱氨酸含量/%	苏氨酸含量/%	色氨酸含量/%	缬氨酸含量/%	异亮氨酸含量/%	总钙含量/%	总磷含量/%
大猪标准一	15.0	0.75	0.43	0.48	0.13	0.53	0.40	0.56	0.43
大猪标准二	13.0	0.75	0.43	0.48	0.13	0.53	0.40	0.56	0.43
怀孕猪标准一	15.0	0.70	0.47	0.53	0.12	0.51	0.40	0.60	0.50
怀孕猪标准二	13.0	0.70	0.47	0.53	0.12	0.51	0.40	0.60	0.50
哺乳猪标准一	17.0	0.90	0.48	0.57	0.18	0.77	0.54	0.84	0.73
哺乳猪标准二	15.0	0.90	0.48	0.57	0.18	0.77	0.54	0.84	0.73

注：氨基酸模式参照《猪营养需要量》（GB/T 39235—2020），氨基酸含量以标准回肠可消化需求量为基础。

1. 玉米胚芽粕在配方中的应用

玉米胚芽粕粗蛋白水平20%左右，使用到肉猪日粮配方中可代替少量的豆粕及较多的麸皮，以维持相同的粗蛋白和净能水平，而怀孕猪利用日粮纤维的能力较强，代替豆粕优势明显，配方见表5-4。

表5-4　使用玉米胚芽粕推荐配方示例

使用阶段	配方号	玉米含量/%	豆粕含量/%	麸皮含量/%	预混料含量/%	玉米胚芽粕含量/%	合计/%	粗蛋白含量/%
小猪阶段	配方一	69.0	27.0	—	4.0	—	100.0	17.0
	配方二	70.0	20.0	6.0	4.0	—	100.0	15.0
	配方三	67.0	17.0	2.0	4.0	10.0	100.0	15.0

续表

使用阶段	配方号	玉米含量/%	豆粕含量/%	麸皮含量/%	预混料含量/%	玉米胚芽粕含量/%	合计/%	粗蛋白含量/%
中猪阶段	配方一	67.0	23.0	6.0	4.0	—	100.0	16.0
	配方二	69.0	16.0	11.0	4.0	—	100.0	14.0
	配方三	65.5	12.5	3.0	4.0	15.0	100.0	14.0
大猪阶段	配方一	67.0	19.0	10.0	4.0	—	100.0	15.0
	配方二	70.0	13.0	13.0	4.0	—	100.0	13.0
	配方三	68.0	8.0	—	4.0	20.0	100.0	13.0
怀孕阶段	配方一	58.0	17.0	21.0	4.0	—	100.0	15.0
	配方二	64.0	12.0	20.0	4.0	—	100.0	13.0
	配方三	56.5	5.5	14.0	4.0	20.0	100.0	13.0
哺乳阶段	配方一	63.0	25.0	8.0	4.0	—	100.0	17.0
	配方二	71.0	20.0	5.0	4.0	—	100.0	15.0
	配方三	68.5	17.5	—	4.0	10.0	100.0	15.0

注：配方一是粗蛋白水平较高的日粮，配方二是降低粗蛋白水平后的日粮，配方三是降低粗蛋白及豆粕用量后的日粮（表5-5至表5-13同）。

2. 米糠在配方中的应用

米糠中脂肪含量较高，能量水平接近玉米，使用到猪日粮配方时可减少玉米用量，同时也可少量减少豆粕用量，在大量使用米糠时豆粕用量下降才明显，如添加25%的米糠，则豆粕用量减少5%。米糠粕与麸皮类似，营养水平相当，所以在配方中使用米糠粕相当于添加了等量的麸皮，配方见表5-5。

表5-5　使用米糠推荐配方示例

使用阶段	配方号	玉米含量/%	豆粕含量/%	麸皮含量/%	预混料含量/%	米糠含量/%	合计/%	粗蛋白含量/%
小猪阶段	配方一	69.0	27.0	—	4.0	—	100.0	17.0
	配方二	70.0	20.0	6.0	4.0	—	100.0	15.0
	配方三	61.0	18.0	7.0	4.0	10.0	100.0	15.0

使用阶段	配方号	玉米含量/%	豆粕含量/%	麸皮含量/%	预混料含量/%	米糠含量/%	合计/%	粗蛋白含量/%
中猪阶段	配方一	67.0	23.0	6.0	4.0	—	100.0	16.0
	配方二	69.0	16.0	11.0	4.0	—	100.0	14.0
	配方三	52.0	12.5	11.5	4.0	20.0	100.0	14.0
大猪阶段	配方一	67.0	19.0	10.0	4.0	—	100.0	15.0
	配方二	70.0	13.0	13.0	4.0	—	100.0	13.0
	配方三	48.0	8.0	15.0	4.0	25.0	100.0	13.0
怀孕阶段	配方一	58.0	17.0	21.0	4.0	—	100.0	15.0
	配方二	64.0	12.0	20.0	4.0	—	100.0	13.0
	配方三	45.0	7.0	22.0	4.0	22.0	100.0	13.0
哺乳阶段	配方一	63.0	25.0	8.0	4.0	—	100.0	17.0
	配方二	71.0	20.0	5.0	4.0	—	100.0	15.0
	配方三	54.0	17.0	10.0	4.0	15.0	100.0	15.0

3. 玉米DDGS在配方中的应用

玉米DDGS所含脂肪及粗蛋白的总和约35%，能量和蛋白质水平适中，可代替豆粕和麸皮。由于含有丰富的膳食纤维，其用在怀孕母猪日粮中对肠道健康有益，配方见表5-6。

表5-6　使用玉米DDGS推荐配方示例

使用阶段	配方号	玉米含量/%	豆粕含量/%	麸皮含量/%	预混料含量/%	玉米DDGS含量/%	合计/%	粗蛋白含量/%
小猪阶段	配方一	69.0	27.0	—	4.0	—	100.0	17.0
	配方二	70.0	20.0	6.0	4.0	—	100.0	15.0
	配方三	69.0	17.5	4.5	4.0	5.0	100.0	15.0
中猪阶段	配方一	67.0	23.0	6.0	4.0	—	100.0	16.0
	配方二	69.0	16.0	11.0	4.0	—	100.0	14.0
	配方三	69.5	11.5	5.0	4.0	10.0	100.0	14.0

续表

使用阶段	配方号	玉米含量/%	豆粕含量/%	麸皮含量/%	预混料含量/%	玉米DDGS含量/%	合计/%	粗蛋白含量/%
大猪阶段	配方一	67.0	19.0	10.0	4.0	—	100.0	15.0
	配方二	70.0	13.0	13.0	4.0	—	100.0	13.0
	配方三	68.0	6.0	7.0	4.0	15.0	100.0	13.0
怀孕阶段	配方一	58.0	17.0	21.0	4.0	—	100.0	15.0
	配方二	64.0	12.0	20.0	4.0	—	100.0	13.0
	配方三	56.0	3.0	22.0	4.0	15.0	100.0	13.0
哺乳阶段	配方一	63.0	25.0	8.0	4.0	—	100.0	17.0
	配方二	71.0	20.0	5.0	4.0	—	100.0	15.0
	配方三	68.0	17.0	6.0	4.0	5.0	100.0	15.0

4. 菜籽粕在配方中的应用

菜籽粕在猪日粮配方中代替较多的豆粕和麸皮，增加玉米用量是为了弥补配方中净能的不足，配方见表5-7。

表5-7 使用菜籽粕推荐配方示例

使用阶段	配方号	玉米含量/%	豆粕含量/%	麸皮含量/%	预混料含量/%	菜籽粕含量/%	合计/%	粗蛋白含量/%
小猪阶段	配方一	69.0	27.0	—	4.0	—	100.0	17.0
	配方二	70.0	20.0	6.0	4.0	—	100.0	15.0
	配方三	72.0	16.5	2.5	4.0	5.0	100.0	15.0
中猪阶段	配方一	67.0	23.0	6.0	4.0	—	100.0	16.0
	配方二	69.0	16.0	11.0	4.0	—	100.0	14.0
	配方三	74.0	9.0	3.0	4.0	10.0	100.0	14.0
大猪阶段	配方一	67.0	19.0	10.0	4.0	—	100.0	15.0
	配方二	70.0	13.0	13.0	4.0	—	100.0	13.0
	配方三	76.0	2.0	3.0	4.0	15.0	100.0	13.0

使用阶段	配方号	玉米含量/%	豆粕含量/%	麸皮含量/%	预混料含量/%	菜籽粕含量/%	合计/%	粗蛋白含量/%
怀孕阶段	配方一	58.0	17.0	21.0	4.0	—	100.0	15.0
	配方二	64.0	12.0	20.0	4.0	—	100.0	13.0
	配方三	66.0	3.5	16.5	4.0	10.0	100.0	13.0
哺乳阶段	配方一	63.0	25.0	8.0	4.0	—	100.0	17.0
	配方二	71.0	20.0	5.0	4.0	—	100.0	15.0
	配方三	72.0	16.0	3.0	4.0	5.0	100.0	15.0

5. 棉籽粕在配方中的应用

棉籽粕由于含有棉酚，会对动物的生长和繁殖有影响，故添加量不可太多，不建议在种猪日粮中添加；粗蛋白含量高，几乎等量代替豆粕，但能量低，所以麸皮用量减少的空间由增加的玉米用量来填充，以维持相等的能量，配方见表5-8。

表5-8　使用棉籽粕推荐配方示例

使用阶段	配方号	玉米含量/%	豆粕含量/%	麸皮含量/%	预混料含量/%	棉籽粕含量/%	合计/%	粗蛋白含量/%
小猪阶段	配方一	69.0	27.0	—	4.0	—	100.0	17.0
	配方二	70.0	20.0	6.0	4.0	—	100.0	15.0
	配方三	71.0	17.0	5.0	4.0	3.0	100.0	15.0
中猪阶段	配方一	67.0	23.0	6.0	4.0	—	100.0	16.0
	配方二	69.0	16.0	11.0	4.0	—	100.0	14.0
	配方三	74.0	12.0	5.0	4.0	5.0	100.0	14.0
大猪阶段	配方一	67.0	19.0	10.0	4.0	—	100.0	15.0
	配方二	70.0	13.0	13.0	4.0	—	100.0	13.0
	配方三	76.5	5.5	6.0	4.0	8.0	100.0	13.0

6. 葵花籽粕在配方中的应用

葵花籽粕中的纤维有一部分是木质素，影响猪日粮的适口性和能量水平，用量不可太高，玉米用量会增加以补充能量，配方见表5-9。

表5-9　使用葵花籽粕推荐配方示例

使用阶段	配方号	玉米含量/%	豆粕含量/%	麸皮含量/%	预混料含量/%	葵花籽粕含量/%	合计/%	粗蛋白含量/%
小猪阶段	配方一	69.0	27.0	—	4.0	—	100.0	17.0
	配方二	70.0	20.0	6.0	4.0	—	100.0	15.0
	配方三	67.5	15.5	8.0	4.0	5.0	100.0	15.0
中猪阶段	配方一	67.0	23.0	6.0	4.0	—	100.0	16.0
	配方二	69.0	16.0	11.0	4.0	—	100.0	14.0
	配方三	70.0	10.0	8.0	4.0	8.0	100.0	14.0
大猪阶段	配方一	67.0	19.0	10.0	4.0	—	100.0	15.0
	配方二	70.0	13.0	13.0	4.0	—	100.0	13.0
	配方三	73.0	6.0	7.0	4.0	10.0	100.0	13.0
怀孕阶段	配方一	58.0	17.0	21.0	4.0	—	100.0	15.0
	配方二	64.0	12.0	20.0	4.0	—	100.0	13.0
	配方三	68.0	4.5	13.5	4.0	10.0	100.0	13.0
哺乳阶段	配方一	63.0	25.0	8.0	4.0	—	100.0	17.0
	配方二	71.0	20.0	5.0	4.0	—	100.0	15.0
	配方三	72.0	16.5	2.5	4.0	5.0	100.0	15.0

7. 花生粕在配方中的应用

花生粕的粗蛋白含量比豆粕高，相当于可等量代替豆粕以满足日粮的粗蛋白水平需要，在粗蛋白水平13%的日粮中使用12%的花生粕即可完全代替豆粕，即在大猪阶段和怀孕阶段可不用豆粕。但花生粕的能量及必需氨基酸含量较低，所以玉米用量比例会升高以维持相等的净能，还需要补充较多的必需氨基酸，包括异亮氨酸，配方见表5-10。

表5-10　使用花生粕推荐配方示例

使用阶段	配方号	玉米含量/%	豆粕含量/%	麸皮含量/%	预混料含量/%	花生粕含量/%	合计/%	粗蛋白含量/%
小猪阶段	配方一	69.0	27.0	—	4.0	—	100.0	17.0
	配方二	70.0	20.0	6.0	4.0	—	100.0	15.0
	配方三	71.5	14.5	5.0	4.0	5.0	100.0	15.0
中猪阶段	配方一	67.0	23.0	6.0	4.0	—	100.0	16.0
	配方二	69.0	16.0	11.0	4.0	—	100.0	14.0
	配方三	72.0	5.0	9.0	4.0	10.0	100.0	14.0
大猪阶段	配方一	67.0	19.0	10.0	4.0	—	100.0	15.0
	配方二	70.0	13.0	13.0	4.0	—	100.0	13.0
	配方三	74.0	—	10.0	4.0	12.0	100.0	13.0
怀孕阶段	配方一	58.0	17.0	21.0	4.0	—	100.0	15.0
	配方二	64.0	12.0	20.0	4.0	—	100.0	13.0
	配方三	68.0	—	17.0	4.0	11.0	100.0	13.0
哺乳阶段	配方一	63.0	25.0	8.0	4.0	—	100.0	17.0
	配方二	71.0	20.0	5.0	4.0	—	100.0	15.0
	配方三	70.5	14.5	6.0	4.0	5.0	100.0	15.0

8.　两种替代原料同时在配方中的应用

不同的原料其营养成分及特性不同，包括脂肪含量、粗蛋白氨基酸水平、抗营养因子、有害物质等，配方中使用的原料种类多，通过原料之间的氨基酸互补、能量与蛋白互补，更容易达到降低豆粕用量的效果，还可减少合成必需氨基酸的添加量，充分利用地产原料，降低饲料成本。

充分利用米糠的能量和花生粕的粗蛋白，当两者同时使用时，可大量减少豆粕和玉米用量，尤其在粗蛋白水平较低的中、大猪和怀孕猪日粮中，基本不需要使用豆粕。由于花生粕的异亮氨酸含量较低，需要注意氨基酸平衡，配方见表5-11。

表5-11　使用米糠和花生粕推荐配方示例

使用阶段	配方号	玉米含量/%	豆粕含量/%	麸皮含量/%	预混料含量/%	米糠含量/%	花生粕含量/%	合计/%	粗蛋白含量/%
小猪阶段	配方一	69.0	27.0	—	4.0	—	—	100.0	17.0
	配方二	70.0	20.0	6.0	4.0	—	—	100.0	15.0
	配方三	61.0	12.0	8.0	4.0	10.0	5.0	100.0	15.0
中猪阶段	配方一	67.0	23.0	6.0	4.0	—	—	100.0	16.0
	配方二	69.0	16.0	11.0	4.0	—	—	100.0	14.0
	配方三	51.0	—	15.0	4.0	20.0	10.0	100.0	14.0
大猪阶段	配方一	67.0	19.0	10.0	4.0	—	—	100.0	15.0
	配方二	70.0	13.0	13.0	4.0	—	—	100.0	13.0
	配方三	47.5	—	17.0	4.0	25.0	6.5	100.0	13.0
怀孕阶段	配方一	58.0	17.0	21.0	4.0	—	—	100.0	15.0
	配方二	64.0	12.0	20.0	4.0	—	—	100.0	13.0
	配方三	45.0	—	24.0	4.0	21.0	6.0	100.0	13.0
哺乳阶段	配方一	63.0	25.0	8.0	4.0	—	—	100.0	17.0
	配方二	71.0	20.0	5.0	4.0	—	—	100.0	15.0
	配方三	54.0	10.5	11.5	4.0	15.0	5.0	100.0	15.0

　　玉米胚芽粕和菜籽粕的能量较低，两者同时使用代替了豆粕和麸皮，而玉米添加量与配方二的用量相差不大，用以维持相等的净能水平，配方见表5-12。

表5-12　使用玉米胚芽粕和菜籽粕推荐配方示例

使用阶段	配方号	玉米含量/%	豆粕含量/%	麸皮含量/%	预混料含量/%	玉米胚芽粕含量/%	菜籽粕含量/%	合计/%	粗蛋白含量/%
小猪阶段	配方一	69.0	27.0	—	4.0	—	—	100.0	17.0
	配方二	70.0	20.0	6.0	4.0	—	—	100.0	15.0
	配方三	66.5	12.5	2.0	4.0	10.0	5.0	100.0	15.0

使用阶段	配方号	玉米含量/%	豆粕含量/%	麸皮含量/%	预混料含量/%	玉米胚芽粕含量/%	菜籽粕含量/%	合计/%	粗蛋白含量/%
中猪阶段	配方一	67.0	23.0	6.0	4.0	—	—	100.0	16.0
	配方二	69.0	16.0	11.0	4.0	—	—	100.0	14.0
	配方三	67.5	5.5	—	4.0	15.0	8.0	100.0	14.0
大猪阶段	配方一	67.0	19.0	10.0	4.0	—	—	100.0	15.0
	配方二	70.0	13.0	13.0	4.0	—	—	100.0	13.0
	配方三	70.0	—	—	4.0	15.0	11.0	100.0	13.0
怀孕阶段	配方一	58.0	17.0	21.0	4.0	—	—	100.0	15.0
	配方二	64.0	12.0	20.0	4.0	—	—	100.0	13.0
	配方三	63.0	—	8.0	4.0	15.0	—	100.0	13.0
哺乳阶段	配方一	63.0	25.0	8.0	4.0	—	—	100.0	17.0
	配方二	71.0	20.0	5.0	4.0	—	—	100.0	15.0
	配方三	68.0	13.0	—	4.0	10.0	5.0	100.0	15.0

由于使用了两种替代原料，玉米DDGS的添加量有所控制，以减少对日粮的影响，在配方中主要代替了豆粕，其次为麸皮，玉米用量与配方二相差不大，配方见表5-13。

表5-13　使用玉米DDGS和葵花籽粕推荐配方示例

使用阶段	配方号	玉米含量/%	豆粕含量/%	麸皮含量/%	预混料含量/%	玉米DDGS含量/%	葵花籽粕含量/%	合计/%	粗蛋白含量/%
小猪阶段	配方一	69.0	27.0	—	4.0	—	—	100.0	17.0
	配方二	70.0	20.0	6.0	4.0	—	—	100.0	15.0
	配方三	65.0	13.0	8.0	4.0	5.0	5.0	100.0	15.0
中猪阶段	配方一	67.0	23.0	6.0	4.0	—	—	100.0	16.0
	配方二	69.0	16.0	11.0	4.0	—	—	100.0	14.0
	配方三	70.0	6.0	2.0	4.0	10.0	8.0	100.0	14.0

续表

使用阶段	配方号	玉米含量/%	豆粕含量/%	麸皮含量/%	预混料含量/%	玉米DDGS含量/%	葵花籽粕含量/%	合计/%	粗蛋白含量/%
大猪阶段	配方一	67.0	19.0	10.0	4.0	—	—	100.0	15.0
	配方二	70.0	13.0	13.0	4.0	—	—	100.0	13.0
	配方三	71.0	—	3.0	4.0	12.0	10.0	100.0	13.0
怀孕阶段	配方一	58.0	17.0	21.0	4.0	—	—	100.0	15.0
	配方二	64.0	12.0	20.0	4.0	—	—	100.0	13.0
	配方三	67.0	—	9.0	4.0	10.0	10.0	100.0	13.0
哺乳阶段	配方一	63.0	25.0	8.0	4.0	—	—	100.0	17.0
	配方二	71.0	20.0	5.0	4.0	—	—	100.0	15.0
	配方三	70.0	14.0	2.0	4.0	5.0	5.0	100.0	15.0

从以上配方可以看出，原料种类多的配方，虽然替代原料的添加量不高，但配方中豆粕用量下降明显，更容易配制成无豆粕日粮，减少豆粕的制约。使用这些杂粮时要保证原料的品质合格，注意抗营养因子的含量及适口性，必要时可通过使用添加剂来消除上述这些不利因素的影响。原料的产地、批次及生产工艺均会影响其营养素的含量，使用时需要根据实际情况调整用量，以保证配方达到设计标准。

三、生物发酵饲料在猪低蛋白清洁日粮中的应用

1. 生物发酵饲料的定义及分类

生物发酵饲料是指使用农业农村部《饲料原料目录》和《饲料添加剂品种目录》等国家相关法规允许使用的饲料原料和发酵剂，通过发酵工艺生产含有益生菌或其代谢产物的单一饲料和混合饲料

（张遨然 等，2021）。

生物发酵饲料按其水分含量可分为液体发酵饲料、固体湿发酵饲料和烘干的发酵饲料。液体发酵饲料主要适用于养殖终端，可很好地利用地源性廉价原料，但一次性设备投入较大。烘干的发酵饲料使用方便，质量相对稳定，当前主要应用于饲料企业。固体湿发酵饲料在当前饲料企业和养殖终端都在使用，以养殖终端为主。液体发酵饲料和固体湿发酵饲料由于不用烘干，既节约了烘干成本，又避免了烘干过程所带来的有益菌、酶和其他有益代谢产物的损失，与其他种类饲料相比效果和效益更好，也更环保。

2. 生物发酵饲料的优点

与常规饲料相比，生物发酵饲料具有如下突出的优点：明显提高饲料的适口性和猪的采食量；降低或消除原料中的抗营养因子和毒素，改善畜禽肠道微生态平衡，促进畜禽肠道健康和增强免疫力；提高饲料的消化利用率，改善畜禽生产性能；大幅减轻畜禽养殖场的粪嗅气味，减少粪污排放；扩大饲料原料来源，可利用各地廉价的地源性原料资源；提高畜禽肉品品质等。

3. 生物发酵饲料的制作工艺

这里讲的生物发酵饲料的制作工艺是针对固体湿发酵饲料或液体发酵饲料而言的，重在简单实用（图5-2）。其一般分为专业生物发酵饲料厂生产销售和养猪场现场发酵自用两种。专业生物发酵饲料厂的生产工艺流程比较规范，发酵饲料的质量比较稳定可靠（图5-3、图5-4）。养猪场现场发酵自用（图5-5、图5-6），一般生产工艺较简单粗糙，但只要把握好菌种质量、物料接触的器具卫生、水质、水分含量、发酵温度和发酵时的密封性等关键环节，也是可以保证发酵饲料的质量的。

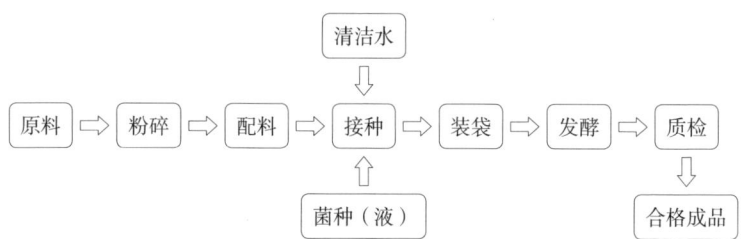

图5-2 生物发酵饲料的制作工艺流程

图5-3 某饲料厂发酵饲料主体生产工艺设备

注：此设备可用于上料、温水和菌液添加、搅拌混合和打包等。

图5-4 某饲料厂发酵饲料恒温室和成品间

图5-5　某南方猪场利用象草制作发酵料

图5-6　某南方猪场使用含象草的发酵料生产优质肉猪

4. 生物发酵饲料在猪日粮中的应用

推广应用猪低蛋白清洁日粮技术的价值在于：在净能体系下平衡氨基酸以降低粗蛋白，提高饲料的消化利用率，同时可使原料来源多样化，降低成本，减少污染物排放，促进养殖业的绿色、健康发展和猪肉供给的安全优质。生物发酵饲料的优点与猪低蛋白清洁

日粮技术的价值一致，生物发酵饲料技术不仅可拓宽猪低蛋白清洁日粮原料的应用范围，而且可进一步改善猪低蛋白清洁日粮技术的应用效果，达到协同增效的目的。

近年来，因国内饲料原料资源和环保养殖政策的压力，发酵饲料研究和应用已成为行业的一个热点，也取得了较多的成果和较好的效益，特别在生猪饲料和养殖方面效果明显。隋洁等（2019）在怀孕猪和哺乳猪上使用生物发酵饲料，与对照组相比，试验组母猪窝均产仔数提高了11%，产活仔数提高了16%，初生窝重量提高了11%。蓝婧婷等（2021）研究在保育猪日粮中添加20%的花椰菜尾菜发酵饲料，对保育猪生长性能、血清生化指标、小肠组织形态及经济效益的影响，结果表明：饲喂花椰菜尾菜发酵饲料能够显著降低保育猪的腹泻率、提高保育猪的生长性能、增强其免疫性能、促进其肠道发育和提高经济效益。宋博等（2020）研究表明，在猪低蛋白饲粮中添加10%构树全株发酵饲料对育肥猪的生长性能无负面影响，可降低血清尿素氮含量和平均背膘厚，提高肌肉中游离氨基酸和肌内脂肪含量，进而改善肉的风味和营养价值。蔡辉益等（2018）研究在中、大猪阶段，以干基计，固体发酵豆渣分别替代11.8%、18.3%的颗粒饲料，料肉比可降低6%，生猪育肥饲料成本可优化17.55元/头，并且指出采用固体发酵饲料和液体饲喂集成技术可拓展地源饲用资源的开发，转变"玉米–豆粕"依赖型配方思维，该技术若用于家庭农场生猪育肥将具有较好的经济效益和社会效益。

当前国内发酵饲料的研究和应用因前期成本投入原因而以固体发酵饲料为主，对于液体发酵饲料的研究和应用较少（李汶涛等，2021），随着发酵饲料和资源利用研究的深入，因地制宜选择发酵饲料底物和发酵方式在生猪养殖中必将给生物发酵饲料技术带来更为广阔的应用前景。

5. 制作和应用生物发酵饲料的注意事项

应选择来源可靠的发酵剂（菌种等）。发酵剂质量好坏是决定发酵成败的关键，根据要发酵的饲料，选择相应的优质发酵剂，以免用到劣质发酵剂造成发酵失败，进而浪费人力、物力。

原料、菌种和水的计量要准确，装袋或入桶（池）后要密封（也可直接使用呼吸袋发酵）。

注意发酵温度，特别是起始温度。低温季节（室温＜20℃时）要用温水，同时需要恒温室，发酵前几天要在恒温室进行，发酵物料温度控制在30℃上下（因菌种不同温度要求稍有不同），否则容易造成杂菌大量繁殖，致使发酵失败。

应注意对发酵效果的质量进行检测或感官判定。根据发酵的原料和目的不同，对质量的要求也会有较大的差别，但水分、pH、乳酸含量等几个基本指标是必检指标。然而，对于终端用户而言，通常采用感观进行质量评判：发酵开始时，由于菌种的快速生长繁殖，会大量产气和发热（因菌种不同而异），3～5天后，若逐渐平稳，产生宜人的酸香味，即可判定发酵成功。

发酵料建议按10%左右的比例添加混匀饲喂使用，配好后要尽快用完，特别是夏天要注意防止霉变。

对于新型原料发酵后的应用，最好事先与专业人员沟通，并测定发酵前后的营养成分，先小群试验再大群推广应用为妥。

四、展　　望

1. 全面转变以粗蛋白含量高低来评判饲料质量好坏的错误观念，树立以可消化氨基酸来衡量产品质量的观念，推广普及猪低蛋白清洁日粮技术

粗蛋白含量是测定饲料或饲料原料中的含氮量再乘系数6.25而

得来的。氮的含量越高，粗蛋白含量也就越高，正因如此，才出现了与蛋白精（如三聚氰胺）相关的恶性事件。纯三聚氰胺的含氮量为66.7%，换算成粗蛋白的含量则高达416%。以非蛋白氮来提高饲料的粗蛋白含量，给动物和人类健康带来危害，给饲料行业造成恶劣影响。猪需要的氮营养最终是可消化利用的氨基酸，以粗蛋白来表示是不准确和不科学的，不仅因其氨基酸不平衡造成浪费和环境污染，而且容易给以次充好或假冒伪劣产品可乘之机。

当前猪低蛋白清洁日粮技术已在一些大型养猪企业应用，并且取得了较好的经济和减排等效益。随着广大养殖户对猪低蛋白清洁日粮技术认识的提高，全面普及此项技术将带来更大的经济效益和社会效益。

2. 猪低蛋白清洁日粮技术将促进饲料原料资源利用的多元化，拓宽我国饲料原料的来源，促进我国生猪养殖的健康和可持续发展

低蛋白清洁日粮技术是饲料工业发展的大趋势，更是我国的国情所需。一方面，我国人均可利用资源少，尤其是饲料中的蛋白原料资源利用问题突出，受制于人。而另一方面，低蛋白清洁日粮技术的推广不到位和大量农林副产品及食品加工副产品的废弃造成大量的浪费和环境污染。

低蛋白清洁日粮技术的推广应用不仅可以直接减少依赖进口的豆粕类蛋白原料的使用量，同时也可以使用大量蛋白较低的农林副产品及食品加工副产品，本书前面提到的豆粕替代原料是当前常见易得且研究应用较多的几种，在生产中可根据实际情况使用饲料，只要是安全有利用价值的原料均可使用。低蛋白清洁日粮技术的不断推进，以及经济效益和环境减排压力的双重驱动，必将促进新的农林副产品及食品加工等副产品变废为宝，在饲料利用、养殖中大量使用。

3. 人工合成氨基酸的技术越来越成熟，合成氨基酸的种类越多，产量越大，可商业化应用的范围越广，低蛋白清洁日粮理论的研究越深入，低蛋白清洁日粮技术的前景必将更广阔

人工合成氨基酸的应用是低蛋白清洁日粮技术得以推广应用的重要物质基础，其技术的成熟度对生产的种类、产量和成本等影响直接决定了其商业化的可行性，也决定了最新的低蛋白清洁日粮技术能否从理论和实验室走进养殖场。

我国的人工合成氨基酸经历了从进口受制于人，应用受限，到国产化后大量出口和价格大幅降低后的全面应用阶段。目前可在饲料工业生产实际中应用的人工合成氨基酸已有赖氨酸、蛋氨酸、苏氨酸、色氨酸、缬氨酸和异亮氨酸，前5种已大量应用多年，后1种随着技术的逐渐成熟其价格也已进入可用范围。低蛋白清洁日粮理论研究和应用技术的不断完善，对人工合成氨基酸种类和量的需求会更多，粗蛋白的用量降幅会更大，带来的经济效益和社会效益也将更大。

随着猪低蛋白清洁日粮技术的不断完善，饲料养殖行业相关管理部门、科研院所和饲料企业对该技术的大力宣传和应用推广，相关标准的制定和实施，为饲料、养殖等相关企业带来较好的效益，同时提供了一种生态、绿色、健康和资源综合利用的可持续饲料养殖发展模式，猪低蛋白清洁日粮技术定有广阔的应用前景。

饲料工业和生猪产业既要经济效益，又要绿水青山！

第六章
常见问题解析

1. 什么是生猪存栏量？

生猪存栏量是指一定时点的全部生猪饲养头数，比如公猪、母猪、仔猪和育肥猪的饲养头数，就是反映生猪的饲养水平指标。生猪存栏量是国家确定生猪收购指标的重要依据。

2. 什么是生猪出栏量？

生猪出栏量是指作为商品的生猪卖到市场上的数量，比如生猪年出栏量就是指每年卖出的作为商品用的生猪数量，生猪出栏量可以反映生猪的销售情况。

3. 猪肉产量怎么计算？

猪肉产量 = 出栏肥猪头数 × 平均每头肥猪出售重量 × 肥猪产肉率（%）。

4. 我国大豆进口量占全球一半，为什么不自己种？

大豆是一种"土地密集型"产品，其单位面积产量只有水稻、小麦、玉米的1/4～1/3，我国人口众多，耕地面积有限，在这类产品上不具有种植优势。以2017年为例，我国大豆播种面积1.2亿亩，产量1 528万吨，进口量则达到9 552.6万吨，如果按照国内大豆单产123.5千克/亩来计算，进口的9 552.6万吨大豆相当于7.7亿亩耕地播种面积的产出，而2017年我国耕地面积为20.23亿亩，如果大豆全部由国内自给，那么就要用38%的耕地面积来种大豆，小麦和水稻等主要口粮的绝对安全也必然会受到严重的威胁。

5. 既然我国三大主粮安全没问题，为什么还要那么关注饲料粮的安全？

从关注主粮安全、粮食浪费、粮食储备安全、种子安全再到饲料粮安全，国家层层布局，直击粮食安全命脉。我国粮食供求结构性矛盾主要集中在用作饲料粮的大豆和玉米上，《我国粮食中长期供需形势与应对的政策建议》预测，到2030年我国玉米需求将超过3亿吨，国内产需缺口将达到2 500万吨以上；大豆总需求量接近1.2

亿吨，进口量约为1亿吨。为了确保粮食安全，国内农业生产仍然要按照一保口粮、二保谷物、三保重要农产品的优先序来安排，这是一个重要原则。饲料蛋白原料资源紧缺，进口依赖度极高，这关乎饲料粮安全问题，进而影响我国居民的动物蛋白供应安全。

6. 在全球化背景下，大豆原料直接进口甚至猪肉直接进口不就解决问题了吗？

2002年，在对行情缺乏了解的情况下，中国开启了大豆进口之路，随后20年大豆进口量居高不下，进口依赖度持续逼近90%，使国内大豆生产一蹶不振，也给国内大豆种植和加工业带来了毁灭性的打击。目前以美国为主的独资或参股的油脂加工企业已占中国大豆总压榨能力的73%，占实际加工量的80%。

因此，大豆原料的进口实际上已成为影响我国饲料粮安全的重要因素，而对于猪肉而言，猪肉消费占我国肉类消费的60%以上，如果要限制猪肉进口，就有可能走上大豆进口的老路，其后果不堪设想。应该看到，进口美国猪肉显然是值得警惕的一把"双刃剑"，稍不留神，就有可能伤及国内养猪户的利益，破坏建立在财政补贴制度上的国内猪肉市场脆弱的平衡。而国外农业巨头依靠生产集约化程度高的优势，将会以低成本猪肉严重挤压中国的市场空间。从这个意义上来说，中国大量进口猪肉并不合算，如果猪肉也像大豆那样绝大部分依赖进口，会直接影响我国肉类粮食安全。

7. 我国以什么样的猪场规模为主对资源的合理利用及环境保护更好？

《国务院办公厅关于促进畜牧业高质量发展的意见》（国办发〔2020〕31号）提出：发展适度规模经营。因地制宜发展规模化养殖，引导养殖场（户）改造提升基础设施条件，扩大养殖规模，提升标准化养殖水平。扶持中小养殖户发展。鼓励新型农业经营主体与中小养殖户建立利益联结机制，带动中小养殖户专业化生产，提

升市场竞争力。

2001年，我国从事生猪养殖的散户占比达90%之多，随着国家相继出台环保政策、划定禁养区、2018年非洲猪瘟疫情发生等情况，现在散养户占比不到50%。所以说，未来我国养猪业正在向现代化、标准化、规模化快速发展，各地养猪企业都在蓬勃发展，散户养猪正在不同程度地退出舞台。而中小规模化猪场发展速度最快，尤其是规模500～3 000头的猪场，具有用工少、机械化程度要求不高、适合我国国情、准入门槛不高、群体规模大等特点。具体而言，发展种养结合的家庭农场，更符合我国农村农业发展规划和长远利益，即使按照每亩土地可以消耗3头猪粪尿污染的生物处理方式要求，1个中小型养猪场需要的土地不过1 000余亩，既具有一定规模，又不会有太大的环保压力，而且门槛不算太高，生产经营方式灵活，种养结合又可以避免单一种植业过度依赖和使用化肥而导致土壤肥力下降、土质恶化等问题，更适合我国目前的自然村或行政村的土地情况。这样的规模猪场再通过合作社、协会等模式联合起来，群体规模也随之扩大。

8. 什么是粗蛋白？

所有蛋白质均含有碳、氢、氧、氮元素，而氮元素含量稳定，平均为16%。测定蛋白质含量的方法是凯氏定氮法，即确定目标物中的含氮量再除以16%，即为蛋白质含量。凯氏定氮法测定的氮含量除了蛋白质中的氮元素，也包含其他的非蛋白质的氮元素（非蛋白氮），所以称之为粗蛋白。饲料中经常提到的蛋白质一般是指粗蛋白。

9. 必需氨基酸和限制性氨基酸有什么区别？

组成蛋白质的氨基酸共有20种，有些在动物体内不能合成或合成量不能满足需要的称为必需氨基酸，而在动物体内能够合成而不需由饲料提供的氨基酸为非必需氨基酸。猪的必需氨基酸有10种，包括赖氨酸、蛋氨酸、苏氨酸、色氨酸、异亮氨酸、缬氨酸、苯丙氨酸、组氨酸、亮氨酸和精氨酸。对于成年猪，精氨酸不是必需氨基酸。

限制性氨基酸是指一定饲料或饲粮所含必需氨基酸的量与动物所需的蛋白质必需氨基酸的量相比，比值偏低的氨基酸。由于这些氨基酸的含量不足，动物对其他必需和非必需氨基酸的利用受到限制。其中比值最低的称为第一限制性氨基酸。

10. 什么是抗营养因子？

植物代谢产生的并以不同机制对动物产生抗营养或对动物健康产生副作用的物质称为抗营养因子。抗营养因子种类很多，饲料中的抗营养因子包括抑制蛋白质消化和利用的物质、降低能量利用率的物质、降低矿物质和微量元素的物质、拮抗维生素的物质等。

11. 什么是重金属？

重金属是指密度大于4.5克/厘米^{3}的金属，在动物体内累积达到一定程度则会造成慢性中毒。饲料中毒性较大的重金属有砷、铅、汞、镉、铬等，《饲料卫生标准》（GB 13078—2017）中也明确了它们在不同饲料原料和饲料产品中的限量。

12. 什么是霉菌毒素？

霉菌毒素是真菌的代谢产物，可引起动物急性或慢性中毒，甚至可致癌和致畸形。《饲料卫生标准》（GB 13078—2017）中明确了黄曲霉毒素B_2、赭曲霉毒素A、玉米赤霉烯酮、呕吐毒素、T-2毒素和伏马毒素在不同饲料原料和饲料产品中的限量。

13. 什么是标准回肠可消化氨基酸？

通过回肠食糜收集方法测定的饲料中已被吸收、从小肠消失并经内源性氨基酸校正的氨基酸，其与相关的氨基酸总量的比值即为标准回肠氨基酸消化率。标准回肠氨基酸消化率具有可加性良好和测定方法相对简单等优点，在国际上得到广泛的认可和应用。

14. 豆粕比其他杂粕贵很多，配制猪饲料不用豆粕只用杂粕可以吗？

猪饲料中能否不使用豆粕完全取决于日粮的营养水平及杂粕的特性，在肉猪阶段会经常使用杂粕代替部分豆粕，但由于杂粕存在抗营养因子含量高、颜色较深、气味重、纤维含量高、适口性欠佳等不足，在猪饲料中使用受限制。我们评估一种原料能否用于饲料中首先要考虑其价值。

15. 不少养殖户都认为饲料粗蛋白高的饲料才是好饲料，这种观点对吗？

这种认识不全面。粗蛋白并非完全可消化的蛋白质，而是根据饲料中的氮含量计算出来的，只有可消化的蛋白质对动物才有利。如果饲料中的非蛋白氮含量较多，虽然粗蛋白水平高，但使用效果也许会更差，这是因为不可消化的蛋白对猪的生长会有负面影响。评价饲料质量不仅仅是看粗蛋白水平，还需要了解能量水平，粗蛋白与能量的平衡情况，氨基酸的含量及氨基酸的平衡情况，原料组成等。

16. 不少地区有米糠、米糠粕、花生粕等原料，用户自己没有检测仪器，怎么凭外观去判断这些原料的质量？

营养质量不通过实验室检测比较难判断，如蛋白、粗灰分、脂肪含量等，只能通过看、闻、尝、摸等定性判断原料的外在品质，如颜色、气味、味道是否正常，触摸原料判断质感及含水量，这些方法都需要有一定的经验才能作出较准确的评估。

17. 怎么鉴别花生粕、米糠粕、棉籽粕等杂粕的霉菌毒素是否超标？

通过对比实验室检测结果与《饲料卫生标准》（GB 13078—2017）中的相关原料的指标限值，即可作出判断。

18. 市面上卖的麸皮呕吐毒素含量时有超标，能用吗？

不建议使用。呕吐毒素是由禾谷镰刀菌和黄色镰刀菌等产生的一种具有毒害作用的真菌毒素，毒性强，急性中毒能引起呕吐，而长期接触低浓度的呕吐毒素可引起厌食、体重下降、腹泻、肠黏膜损坏，以及免疫系统损伤。根据《饲料卫生标准》（GB 13078—2017），麸皮的呕吐毒素不超过5毫克/升，猪配合饲料的呕吐毒素不高于1毫克/升。

19. 夏天天气炎热，自配的饲料易变味，多久用完比较合适？

饲料越新鲜越好，自配粉料最好3～7天内用完，我们也需要根据原料品质和气温作灵活调整，如玉米、麸皮含水量高，使用米糠时，最好现配现用。

20. 益生菌有助于改善饲料消化，添加越多越好吗？

任何添加剂的用量都是经过科学试验后确定下来的，添加越多不一定会越好。益生菌超量添加也许与正常添加起的作用一样，或变化不大，但却在无形中增加了成本；超量的益生菌也许会抑制其他正常菌的数量，打破菌群生态，从而起反作用。

21. 猪舍内氨气浓，能通过在饲料中加入益生菌加以改善吗？

使用益生菌可改善猪舍环境，因为益生菌可改善肠道菌群结构，维持猪肠道菌群生态平衡，降低肠道pH，从而提高饲料蛋白质的消化率，减少粪氮的排出，最终降低氨气浓度。

22. 有用户反映猪吃了发酵饲料后，猪肉更好吃了，为什么？

使用了发酵饲料的猪粪嗅气味明显减轻，可减少猪肉中的粪嗅素。同时，使用发酵饲料后猪肉肌内脂肪、风味氨基酸含量较高，肌肉剪切力、滴水损失低，嫩度好，所以猪饲料味道和口感表现更好，即我们常说的"猪肉更好吃了"。

23. 用预混料的自配料，粗蛋白降低后需另外添加晶体氨基酸吗?

如果维持日粮氨基酸水平不变，粗蛋白降低后需要另外添加晶体氨基酸。这就是按推荐配方配制的低蛋白清洁日粮的成本比高蛋白日粮低，而其同比例的预混料成本高的原因。

24. 青绿饲料在养猪中可以使用吗? 怎样使用为好?

青绿饲料可以在养猪中使用，但因其含水量高且营养价值较低，用于怀孕猪上效果较好。

使用时要将饲料切短或打碎，鲜喂或发酵后用。要注意用量，不可过多，以免造成营养价值偏低。

25. 现在南方不少地方在养黑猪，黑猪的营养需要跟本书推荐的低蛋白日粮标准一样吗?

黑猪的营养需要可参考我国肉脂型或脂肪型猪的营养需要，本书的低蛋白日粮标准是根据瘦肉型猪的营养标准设定，可以完全满足黑猪的蛋白需要。或者和本书的推荐日粮错开使用，如将本书的中猪营养标准用于黑猪的小猪阶段。

26. 不少地方有豆腐渣、酒糟等，这些原料怎么使用才科学?

使用这些原料首要考虑的是抗营养物质和适口性，先少量添加再增加用量，减少对生猪的影响。豆腐渣要考虑其中的抗营养因子及纤维，最好煮熟再饲喂，在小猪阶段少量添加，中、大猪阶段可适当增加用量，进行发酵后再用效果更好；使用湿酒糟时要注意乙醇含量，最好先滤干再饲喂，由少到多逐渐增加用量。

27. 为什么谈论日粮营养氨基酸水平时只提赖氨酸含量?

由于赖氨酸是猪的必需氨基酸，而且还是第一限制性氨基酸。理想蛋白质模式是将赖氨酸作为基准，其他限制性氨基酸与赖氨酸的比例表示动物所需氨基酸的组成和比例。赖氨酸含量确定后，其他限制性氨基酸含量则可根据其与赖氨酸的比例关系确定。

28. 猪场喂湿料好还是喂干料好？

两种饲喂方法各有特点。湿喂可消除粉尘的影响，采食速度快，但操作复杂，需要相关的设备；干喂操作简单，方便，工作量较少，但易引起粉尘。

29. 猪场自己制作生物发酵饲料可行吗？怎样保证质量？

猪场自己制作简单的生物发酵饲料完全可行，且可根据自己的实际情况和需要制作发酵饲料，改善猪场养殖环境，提高猪场的经济效益。但对于一些专业性和生产工艺条件要求较高的生物发酵饲料，还是需要由专业的生物发酵饲料企业来生产。

对于发酵饲料的质量保证，在不熟悉发酵技术时可以通过找这方面的专家指导或口碑较好的发酵剂生产企业提供的技术服务来实现，熟练掌握生物发酵饲料制作过程中的关键环节后再自己负责，并利用好当地资源。

30. 购买专业发酵饲料公司生产的生物发酵饲料，怎样选择到好的产品？

发酵饲料的质量主要从功能性、营养性和性价比三方面去评判，看能不能提高饲料的适口性、增强猪的免疫力、减轻猪场的粪嗅气味、改善猪肉的肉质，提高饲料的消化率和猪的生长速度等，最后关键是看投入产出比，要算细账。当然，功能性和营养性都不好的产品就谈不上性价比了。

31. 生产生物发酵饲料一定要有恒温室（房）吗？

是不是要有恒温室（房）关键是看当地的气候条件，特别是冬天和春天，当室温<20℃时没有恒温室（房）则容易发酵失败变为废料。

恒温室（房）的作用是发酵前3天保持恒温以保证发酵的启动，保证发酵成功。猪场可以采用比较简易的恒温室（房），只要能保证发酵正常启动即可。

32. 为什么生物发酵饲料的添加量要控制在10%上下？可以使用全发酵饲料吗？

生物发酵饲料的添加量一般控制在10%上下，是因为夏天或存放时间较长的优质生物发酵饲料的pH很容易达到4.5以下，添加量太大饲料过酸反而会引起饲料的适口性下降。另外，若使用一些非常规原料发酵，其营养价值相对较低，发酵料的水分含量又较高，添加比例过大会造成饲料营养偏低，影响猪的生长和猪场效益。

采用达到营养标准的全发酵饲料来养猪是可以的，但要控制好发酵时间以控制发酵饲料的pH，不能过酸。

33. 什么是可发酵纤维？

纤维的化学成分基本是碳水化合物，种类很多，分类复杂。可发酵纤维是指不能被动物自身的酶消化，但可被后肠道的微生物发酵的纤维，主要是一些非淀粉多糖。母猪后肠段较发达，充分利用发酵纤维，还能改善肠道健康。

34. 饲料的粗蛋白为什么采用其含氮量乘系数6.25？

这是因为一般蛋白质中含氮量约为16%，100除以16等于6.25，系数6.25就是由此换算而来的。

35. 非蛋白氮是什么东西？猪能利用吗？

非蛋白氮是尿素、磷酸铵等一类非蛋白态含氮化合物的总称。

非蛋白氮不能为单胃动物所利用，猪是单胃动物，也就不能利用非蛋白氮。三聚氰胺也是一种非蛋白氮，不仅单胃动物不能利用，同时也会危害反刍动物，而且饲喂含三聚氰胺饲料的奶牛，其所生产的奶中会存留三聚氰胺，从而危害人体的健康。

参 考 文 献

蔡传江，王立贤，赵克斌，等，2010．降低日粮赖氨酸净能比对育肥猪生产性能及肉品质的影响［J］．动物营养学报，22（4）：856-862．

蔡辉益，于继英，刘世杰，等，2018．发酵豆渣替代部分颗粒饲料液体饲喂生长育肥猪效果［J］．饲料工业，39（16）：1-5．

陈来华，2021．我国生猪行业的动态变化及2021年展望分析［J］．中国食物与营养，27（8）：5-9．

董志录，2011．低蛋白氨基酸平衡饲粮饲喂生长育肥猪的试验研究［J］．养猪，26（1）：35-37．

冯定远，2001．降低养猪生产所造成环境污染的营养措施［J］．饲料广角，20：1-3，11．

和玉丹，邹君彪，2012．低蛋白氨基酸平衡日粮在生长肥育猪阶段的应用效果报告［J］．国外畜牧学（猪与禽），32（2）：43-45．

黄毅，2021．我国生猪养殖业发展的新趋势［J］．农经，3：67-69．

霍启光，2004．猪和鸡的低蛋白日粮［J］．饲料广角，1：42-45．

景绍红，2005．日粮营养水平对猪胴体品质的调控［J］．中国饲料，7：60-62．

蓝婧婷，任瑞，周瑞，等，2021．花椰菜尾菜发酵饲料对保育猪生长性能、血清生化指标、小肠组织形态及经济效益的影响［J］．草业学报，6：180-189．

李德发，2001．中国饲料大全［M］．北京：中国农业出版社．

李伟，2021．时政要闻［J］．中学政史地（高中文综）（1）：3-18．

李汶涛，刘阳，王力，等，2021．液体发酵饲料及其在生猪生产中的应用研究进展［J］．中国畜牧杂志，57（S01）：15-20．

梁福广，何欣，马秋刚，等，2007．低蛋白日粮不同磷水平及添加植酸酶对生长猪氮磷代谢的影响［J］．北京农学院学报，22（1）：24-27．

明灯，2020．关注粮食问题，守护"舌尖上"的安全［J］．新作文（高中版）（11）：11-15．

宋博，郑昌炳，仲银召，等，2020．低蛋白质饲粮中添加构树全株发酵饲料对育肥猪生长性能、胴体性状和肉品质的影响［J］．动物营养学报，32（10）：4841-4851．

隋洁，田和平，陶泽宇，等，2019．微生物发酵饲料对母猪繁殖性能的影响［J］．家畜生态学报，10：61-66．

孙佩佩，周晓容，宋代军，等，2019. 发酵菜籽粕替代豆粕饲喂生长猪对其生长性能、血清生化指标、抗氧化能力和免疫功能的影响［J］.动物营养学报，31（2）：874-882.

王丹，张勇，2007. 猪可消化理想氨基酸模式的研究进展［J］. 猪业科学，12：46-49.

项国鹏，杨卓，罗兴武，2014. 价值创造视角下的商业模式研究回顾与理论框架构建——基于扎根思想的编码与提炼［J］. 外国经济与管理，36（6）：32-41.

闫俊书，周维仁，宦海林，等，2011. 不同清洁型日粮降低规模猪场中氮、磷污染物排泄的研究［J］. 中国畜牧兽医，38（5）：38-41.

杨侗瑀，王祖力，刘小红，等，2022. 2021年世界生猪产业发展情况及2022年的趋势［J］. 猪业科学，39（2）：34-38.

杨宽民，李职，2016. 清洁日粮的开发与应用研究［J］. 猪业科学，33（5）：45-46.

杨宽民，李职，陈成，2015. 养猪业的根本出路在于提高猪群健康水平——清洁日粮［C］//第四届全球猪业论坛暨第十三届（2015）中国猪业发展大会论文汇编：200-206.

姚凯勇，2019. 黄酒糟发酵工艺优化及其奶牛饲用效果研究［D］. 杭州：浙江大学.

易学武，鲁宁，杨强，等，2009. 猪低蛋白日粮体系研究（一）——国内外研究进展［J］. 湖南饲料，4：23-28.

尹杰，刘红南，李铁军，等，2019. 我国蛋白质饲料资源短缺现状与解决方案［J］. 中国科学院院刊，34（1）：89-93.

张邈然，魏明，王红梅，等，2021. 生物发酵饲料在无抗养猪生产上的应用研究进展. 猪业科学，38（1）：42-46.

张桂杰，易学武，鲁宁，等，2010. 利用净能体系配制低蛋白质日粮对生长和育肥猪生长性能与胴体品质的影响［J］. 动物营养学报，22（3）：557-563.

中国饲料数据库，2021. 中国饲料成分及营养价值表［J］. 32版. 中国饲料，23：97-107.

朱建平，胡琴，刘春雪，等，2014. 低蛋白日粮对育肥猪生产性能和血清指标的影响［J］. 粮食与饲料工业，37（4）：51-53.

ANDERSON-HAFERMANN J C, ZHANG Y, PARSONS C M, 1993. Effects of processing on the nutritional quality of canola meal［J］. Poult Science, 72：326-333.

AUNG W P, BJERTNESS E, HTET A S, et al, 2018. Fatty acid profiles of various vegetable oils and the association between the use of palm oil vs. Peanut oil and risk factors for non-communicable diseases in Yangon Region, Myanmar [J]. Nutrients, 10 (9): 1193.

BALASUBRAMANIAM K, 1976. Polysaccharides of the kernel of maturing and matured coconuts [J]. Journal of Food Science, 41: 1370-1373.

BELL J M, 1984. Nutrients and toxicants in rapeseed meal: a review [J]. Journal Animal Science, 58: 996-1010.

BELL J M, 1993. Factors affecting the nutritional value of canola meal: a review [J]. Canadian Veterinary Journal La Revue Veterinaire Canadienne, 73 (4): 689-697.

BELLEGO L L, NOBLET J, 2002. Performance and utilization of dietary energy and amino acids in piglets fed low protein diets [J]. Livestock Production Science, 76 (1-2): 45-58.

BELLEGO L L, VAN MILGEN J, DUBOIS S, et al, 2001. Energy utilization of low-protein diets in growing pigs [J]. Journal of Animal Science, 79: 1259-1271.

BELOSHAPKA A, BUFF P, FAHEY G, 2016. Compositional analysis of whole grains, processed grains, grain co-products, and other carbohydrate sources with applicability to pet animal nutrition [J]. Foods, 5: 23.

BLOCK R T, BODING D, 1944. Nutrition opportunities with amino acids [J]. Journal of the american dietetic association, 20: 69-76.

CAMPOS R M L D, HIERRO E, ORDÓŃEZ J A, et al, 2018. A note on partial replacement of maize with rice bran in the pig diet on meat and backfat fatty acids [J]. Journal of Animal and Feed Science, 15: 427-433.

CARPENTER D A, O'MARA F P O V, 2004. The effect of dietary crude protein concentration on growth performance, carcass composition and nitrogen excretion in entire grower—finisher pigs [J]. Irish Journal of Agricultural and Food Research, 43 (2): 227-236.

CASAS G A, OVERHOLT M F, DILGER A C, 2018. Effects of full fat rice bran and defatted rice bran on growth performance and carcass characteristics of growing-finishing pigs [J]. Journal of Animal Science, 96: 2293-2309.

CASAS G A, STEIN H H, 2016. Effects of microbial xylanase on digestibility of dry matter, organic matter, neutral detergent fiber, and energy and the concentrations of digestible and metabolizable energy in rice co-products fed to weaning pigs [J]. Journal Animal Science, 94: 1933-1939.

CHUNG T K, BAKER D H, 1992. Ideal amino acid pattern for 10-kilogram pigs [J]. Journal of Animal Science, 70 (10): 3102-3111.

CLAWSON A J, SMITH F H, 1966. Effect of dietary iron on gossypol toxicity and on residues of gossypol in porcine liver [J]. Journal of Nutrition, 89: 307-310.

COLE D J A, 1980. The amino acid requirements of pigs-The concept of an ideal protein [J]. Pig News and Information, 1: 201-205.

DAUD M J, JARVIS M C, 1992. Mannan of oil palm kernel [J]. Phytochemistry, 31: 463-464.

DENG D, HUANG R L, LI T J, et al, 2007. Nitrogen balance in barrows fed low protein diets supplemented with essential amino acids [J]. Livestock Science, 109: 220-223.

DUSTERHOFT E M, POSTHUMUS M A, VORAGEN A G J, 1992. Non-starch polysaccharides from sunflower (Helianthus annuus) meal and palm kernel (Elaeis Guineensis) meal preparation of cell wall material and extraction of polysaccharide fractions [J]. Journal of the Science of Food and Agriculture, 59: 151-160.

FASTINGER N D, MAHAN D C, 2006. Determination of the ideal amino acid and energy digestibilities of corn distillers dried grains with soluble using grower-finisher pigs [J]. Journal of Animal Science, 84: 1722-1728.

FRIESEN K G, NELSSEN J L, GOODBAND R D, 1994. Influence of dietary lysine on growth and carcass composition of high lean growth gilt fed from 34 to 72 kilograms [J]. Journal of Animal Science, 72: 1761-1770.

HANSON A R, XU G, LI M, et al, 2012. Impact of dried distillers grains with solubles (DDGS) and diet formulation method on dry matter, calcium, and phosphorus retention and excretion in nursery pigs [J]. Animal Feed Science and Technology, 172: 187-193.

HEO J M, KIM J C, HANSEN C F, et al, 2008. Effects of feeding low protein diets to piglets on plasma urea nitrogen, faecal ammonia nitrogen, the incidence of diarrhoea and performance after weaning [J]. Archives of Animal Nutrition, 62 (5): 343-358.

HEO J M, KIM J C, HANSEN C F, et al, 2009. Feeding a diet with decreased protein content reduces indices of protein fermentation and the incidence of postweaning diarrhea in weaned pigs challenged with an enterotoxigenic strain of Escherichia coli [J]. Journal of Animal Science, 87 (9): 2833-2843.

HOWARD H W, MONSON W J, BAUER C D, et al, 1958. The Nutritive Value of Bread Flour Proteins as Affected by Practical Supplementation with Lactalbumin, Nonfat Dry Milk Solids, Soybean Proteins, Wheat Gluten and Lysine [J]. Journal of Nutrition, 64 (1): 151-165.

HTOO J K, 2017. The potential for feeding low crude protein-amino acid supplemented diets to starter and growing–finishing pigs [J]. Amino News, 21: 24–39.

JAWORSKI N W, LRKE H N, BACH KNUDSEN K E, et al, 2015. Carbohydrate composition and in vitro digestibility of dry matter and nonstarch polysaccharides in corn, sorghum, and wheat and coproducts from these grains [J]. Journal of Animal Science, 93 (3): 1103–1113.

JAWORSKI N W, SHOULDERS J, GONZÁLEZ–VEGA J C, et al., 2014. Effects of using copra meal, palm kernel expellers, or palm kernel meal in diets for weaning pigs [J]. The Professional Animal Scientist, 30 (2): 243–251.

KAHLON T S, CHOW F I, SAYRE R N, et al, 1992. Cholesterol–lowering in hamsters fed rice bran at various levels, defatted rice bran and rice bran oil [J]. Journal of Nutrition, 122 (3): 513.

KERR B J, SOUTHERN L L, BIDNER T D, et al, 2003. Influence of dietary protein level, amino acid supplementation, and dietary energy levels on growing–finishing pig performance and carcass composition [J]. Journal of Animal Science, 81 (12): 3075–3087.

KERR B J, ZIEMER C J, TRABUE S L, et al, 2006. Manure composition of swine as affected by dietary protein and cellulose concentrations [J]. Journal of Animal Science, 84 (6): 1584–1592.

KERR B, EASTER R, 1995. Effect of feeding reduced protein, amino acid–supplemented diets on nitrogen and energy balance in grower pigs [J]. Journal of Animal Science, 73 (10): 3000–3008.

KING R H, EASON P E, KERTON D K, et al, 2001. Evaluation of solvent–extracted canola meal for growing pigs and lactating sows [J]. Australian Journal of Agricultural Research, 52 (10): 1033–1041.

KLOOSTER C E, PEET–SCHWERING C M C, AAMINK A J A, et al, 1998. Pollution issues in pig production and the influence of nutrition, housing and manure handling Progress in Pig [J]. Science, 507–518.

KNUDSEN K, 1997. Carbohydrate and lignin contents of plant materials used in animal feeding [J]. Animal Feed Science and Technology, 67 (4): 319–338.

LANDERO J L, BELTRANENA E, CERVANTES M, et al, 2011. The effect of feeding solvent–extracted canola meal on growth performance and diet nutrient digestibility in weaned pigs [J]. Animal Feed Science and Technology, 170: 136–140.

LANDERO J L, BELTRANENA E, CERVANTES M, et al, 2012. The effect of feeding expeller-pressed canola meal on growth performance and diet nutrient digestibility in weaned pigs [J]. Animal Feed Science and Technology, 171: 240-245.

LI J, LI D, ZANG J, et al, 2012. Evaluation of Energy Digestibility and Prediction of Digestible and Metabolizable Energy from Chemical Composition of Different Cottonseed Meal Sources Fed to Growing Pigs [J]. Asian-Australasian journal of animal sciences, 25 (10): 1430-1438.

MITCHELL H H, BLOCK R, 1946. Some relations between the amino acid contents of proteins and their nutritive values for the rat [J]. Journal of Biological Chemistry, 163: 599-620.

MOK C H, LEE J H, KIM B G, 2013. Effects of exogenous phytase and β-mannanase on ileal and total tract digestibility of energy and nutrient in palm kernel expeller-containing diets fed to growing pigs [J]. Animal Feed Science and Technology, 186 (3-4): 209-213.

MORALES A, GRAGEOLA F, GARCIA H, et al, 2013. Expression of cationic amino acid transporters, carcass traits, and performance of growing pigs fed low-protein amino acid-supplemented versus high protein diets [J]. Genetics and Molecular Research (4): 4712-4722.

NETO M, GALLARDO C, PERNA F, et al, 2021. Apparent total and ileal digestibility of rice bran with or without multicarbohydrase and phytase in weaned piglets [J]. Livestock Science, 245 (3): 104423.

NEWKIRK R W, CLASSEN H L, EDNEY M J, 2003. Effects of prepress-solvent extraction on the nutritional value of canola meal for broiler chickens [J]. Animal Feed Science and Technology, 104 (1-4): 111-119.

NOBLET J, HENRY Y, DUBOIS S, 1987. Effect of protein and lysine levels in the diet on body gain composition and energy utilization in growing pigs [J]. Journal of Animal Science, 65 (3): 717-726.

NRC, 1998. Nutrient requirements of swine [M]. 10th Ed, Washington D. C. : National Academy Press.

NRC, 2012. Nutrient requirements of swine [M]. 11th Ed, Washington D. C. : National Academy Press.

OTTO E R, YOKOYAMA M, KU P K, et al, 2003. Nitrogen balance and ileal amino acid digestibility in growing pigs fed diets reduced in protein concentration [J]. Journal of Animal Science, 81 (7): 1743-1753.

PARSONS C M, HASHIMOTO K, WEDEKIND K J, et al, 1992. Effect of Overprocessing on Availability of Amino Acids and Energy in Soybean Meal [J]. Poultry Science, 71 (1): 133-140.

PEDERSEN C, BOERSMA M G, STEIN H H, 2007. Digestibility of energy and phosphorus in 10 samples of distillers dried grains with solubles fed to growing pigs [J]. Journal of Animal Science, 85: 1168-1176.

PEDERSEN M B, DALSGAARD S, KNUDSEN K E, et al, 2014. Compositional profile and variation of distillers dried grains with solubles from various origins with focus on non-starch polysaccharides [J]. Animal Feed Science and Technology, 197: 130-141.

PEDROSA M M, MUZQUIZ M, C GARCÍA-VALLEJO, et al, 2000. Determination of caffeic and chlorogenic acids and their derivatives in different sunflower seeds [J]. Journal of the Science of Food and Agriculture, 80 (4): 459-464.

QUINIOU N, QUINSAC A, CRÉPON K, et al, 2012. Effects of feeding 10% rapeseed meal (Brassica napus) during gestation and lactation over three reproductive cycles on the performance of hyperprolific sows and their litters [J]. Canadian Journal of Animal Science, 92 (4): 513-524.

RINCON R, SMITH F H, CLAWSON A J, 1978. Detoxification of gossypol in raw cottonseed and the use of raw cottonseed meal as a replacement for soya bean meal in rations for growing finishing pigs [J]. Journal of Animal Science, 47: 865-873.

RODRÍGUEZ D A, SULABO R C, GONZÁLEZ-VEGA J C, et al, 2013. Energy concentration and phosphorus digestibility in canola, cottonseed, and sunflower products fed to growing pigs [J]. Canadian Journal of Animal Science, 93 (4): 493-503.

SAITTAGAROON S, KAWAKISHI S, NAMIKI M, 1983. Characterisation of polysaccharides of copra meal [J]. Journal of The Science of Food and Agriculture, 34: 855-860.

SANJAYAN N, HEO J M, NYACHOTI C M, 2014. Nutrient digestibility and growth performance of pigs fed diets with different levels of canola meal from Brassica napus black and Brassica juncea yellow [J]. Journal of Animal Science, 92: 3895-3905.

SCHÖNE F, GROPPEL B, HENNIG A, 1997. Rapeseed meal, methimazole, thiocyanate and iodine affect growth and thyroid, investigations into glucosinolate tolerance in the pig [J]. Journal of the Science of Food and Agriculture, 74: 69-80.

SHELTON J L, MD HEMANN, STRODE R M, et al, 2001. Effect of different protein sources on growth and carcass traits in growing-finishing pigs [J]. Journal of Animal Science, 79 (7): 2428-2435.

参考文献

SHRIVER J A, CARTER S D, SUTTON A L, et al, 2003. Effects of adding fiber sources to reduced-crude protein, amino acid-supplemented diets on nitrogen excretion, growth performance, and carcass traits of finishing pigs [J]. Journal of Animal Science, 81 (2): 492-502.

WANG T C, FULLER M F, 1989. An Optimal Dietary Amino Acid Pattern for Growing Pigs [J]. British Journal of Nutrition, 62 (1): 77-89.

WEN X L, WANG L, ZHENG C T, et al, 2018. Fecal scores and microbial metabolites in weaned piglets fed different protein sources and levels [J]. Animal Nutrition, 4: 31-36.

WHITNEY M H, SHURSON G C, JOHNSTON L J, et al, 2006. Growth performance and carcass characteristics of grower-finisher pigs fed high-quality corn distillers dried grain with solubles originating from a modern midwestern ethanol plant [J]. Journal of Animal Science, 84: 3356-3363.

ZERVAS S, ZIJLSTRA R T, 2002. Effects of dietary protein and fermentable fiber on nitrogen excretion patterns and plasma urea in grower pigs [J]. Journal of Animal Science, 80 (12): 3247-3256.

ZEYU Z, ZHAOYU L, SHUAI Z, et al, 2019. Effect of inclusion level of corn germ meal on the digestible and metabolizable energy and evaluation of ileal AA digestibility of corn germ meal fed to growing pigs [J]. Journal of Animal Science, 97: 768-778.

ZHANG G, YI X, LU N, et al, 2010. Effects of low protein diet formulated by net energy system on growth performance and carcass characteristic of growing and finishing pigs [J]. Journal of Animal Nutrition, 22: 557-563.

ZHANG W J, XU Z R, SUN J Y, et al, 2006. Effect of selected fungi on the reduction of gossypol levels and nutritional value during solid substrate fermentation of cottonseed meal [J]. Journal of Zhejiang University-Science, 7 (9): 690-695.

ZHOU J, WANG Y, ZENG X, et al, 2020. Effect of antibiotic-free, low-protein diets with specific amino acid compositions on growth and intestinal flora in weaned pigs [J]. Food and Function, 11: 493-507.